A BRIEF
HISTORY
OF
EARTH

ANDREW H. KNOLL

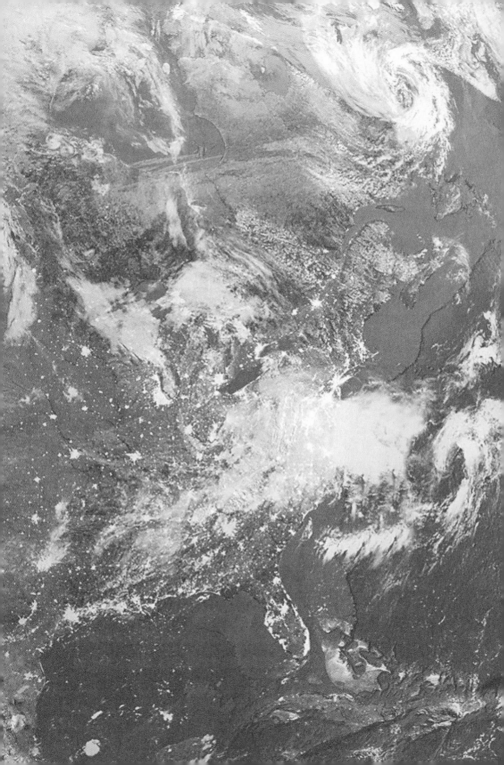

后浪

[美] 安德鲁·H. 诺尔 著

赵文瑾 译 朱茂炎 审校

地球简史

北京联合出版公司
Beijing United Publishing Co.,Ltd

献给玛莎

因她为我所做的一切

目　录

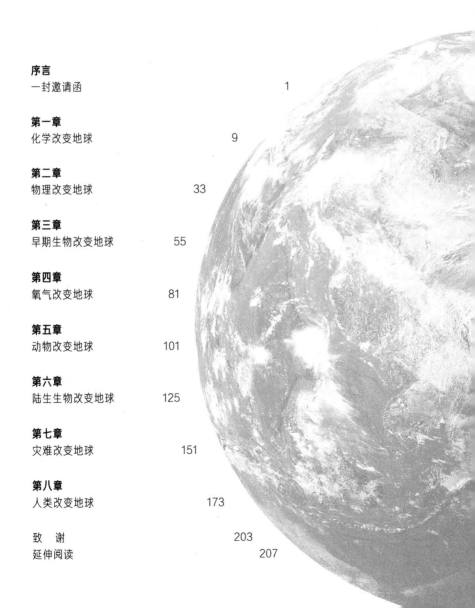

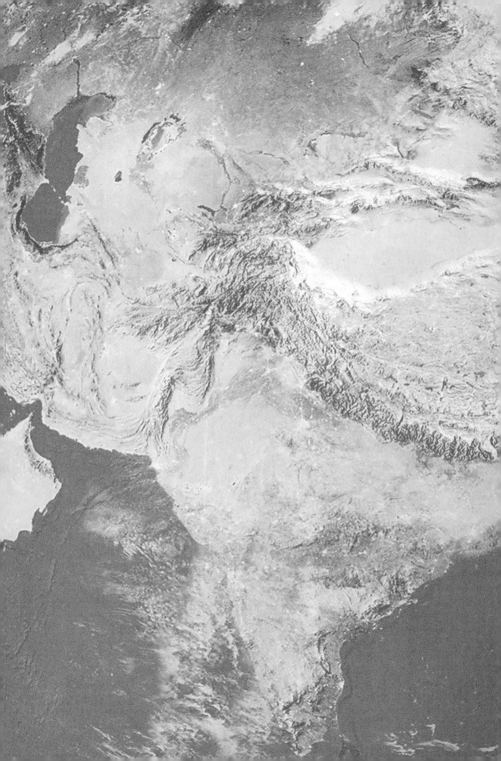

一封邀请函

此刻生活在地球上的你，正被重力牢牢拴住。你迈出的每一步都是在与岩石或土壤触碰，虽然它们有时藏于柏油路或地板之下。当你乘坐飞机离开地面时，你也许会认为自己逃离了重力的掌控，但任何快意都转瞬即逝——几小时后你就会着陆，回到坚实的大地，胜利最终属于重力。

我们与地球的联系远不止重力：你的食物源自大气或海洋中的二氧化碳，以及来自土壤或海洋的水分与营养素。空气中的氧分子通过呼吸进入你的身体，帮助你从食物里获取能量，而大气中的二氧化碳则让你免于冻僵。不仅如此，你家里冰箱门含有的钢、"锡"罐含有的铝、硬币含有的铜，以及智能手机含有的稀土金属，通通来自地球。地球既维系着我们的生命，又会在偶发地震或飓风时置我们于危难之中。如此说来，大多数人对这颗伟大的星球兴味索然，这实在有些不可思议。

我们该如何理解地球在宇宙中的位置？人类赖以生存的岩石、空气和水是怎样形成的？怎样解释大陆、千山万壑、地震与火山的形成？是什么决定了大气与海水的成分？与人类共处的生灵们如此惊人的生物多样性又是怎样形成的？或许最重要的问题是，人类自身的行为如何改变着地球和生命？某种程度上，这些既是对过程的疑问，也是对历史的探究，而这正是本书的构架。

这是关于我们的地球家园和生活在其表面的生物的故事。尽管我们常以为地球永恒不变，但其实关于它的一切都是动态多变的。举例来说，波士顿是温带大陆性气候，冬冷夏热，全年降水量分布比较平均。各个季节的变化都有规律可循，如果你也跟我一样，在这里待了几十年，就可能有种"全都见识过了"的感觉。然而，气象学家会告诉你，近几十年间波士顿的年平均气温已经升高了不止 1℉（约 0.6 ℃）。我们还知道，大气中调节地球表面温度的主要指标——二氧化碳含量比 20 世纪 50 年代增加了约三分之一。同样，观测数据记录还告诉我们，全球海平面在持续上升，自"披头士"乐队一举成名的 20 世纪 60 年代至今，溶解在海水中的氧含量下降了 3%。

时间经年累月，变化积少成多。从波士顿飞往伦敦的空中航线每年都会延长约 1 英寸（约 2.5 厘米），这是因为大西洋不断扩张出的新洋底把北美洲和欧洲越推越远。如果可以倒带往回看，我们会发现，两亿年前的新英格兰和老英格兰来自同一块大陆，而这块大陆上有着如今天东非大峡谷般的裂谷，它们正要开始一段形成新大洋盆地的旅程。在最大的时间尺度上，地球确实发生了深远的变化——如果漫步在早期地球上，你很快就会在当时的无氧环境中窒息而死。

关于地球和地球生物的故事远比任何好莱坞大片都宏大精

彩，而它的跌宕起伏又足以媲美任何一部卖座的悬疑片。40 多亿年前，一些岩石碎片在围绕一颗中等大小的年轻恒星转动，过程中逐渐积聚成一颗小小的行星——它正是地球的雏形。初生的地球整日处在毁灭的边缘，被彗星和流星轮番轰炸，表面裹覆着滚滚岩浆之海，大气中则充满令人窒息的毒气。不过，随着时间流转，这颗星球开始冷却。大陆不断形成，继而四分五裂、相互碰撞，造就众多壮观的山脉，但它们几乎都输给了时间，如今已不复存在。在这颗星球上曾出现过剧烈的火山喷发，其规模比人类目睹过的任何一次都要大上百万倍；曾出现过全球性冰期，并循环往复；曾出现过无数失落的世界，而时至今日，我们才刚开始拼凑它们的模样。不管怎样，生命得以在这颗星球上立足，并最终改变了地球表层的样貌，为更多生命的诞生创造了条件，于是有了三叶虫、恐龙，以及一个新物种——他们会说话、思考、制造工具，并再次改变了世界。

明晰地球的历史有助于我们充分了解山川、海洋、树木与动物，还有黄金、钻石、煤炭、石油，以及我们赖以生存的空气。地球的故事正是我们需要的"来龙去脉"，有了它，我们才能弄明白，在 21 世纪的今天，人类活动正在如何改变着这个世界。在地球历史的大部分时期，我们的家园并不适宜人类居住；长期以来的地质学研究告诉我们，当下对于整个地球历史进程来说是多么短暂，多么脆弱，又多么珍贵。

* * *

这些年来的新闻头条像是摘自《启示录》①一样：美国加利福尼亚州燃起前所未见的山火，巴西亚马孙雨林也大火蔓延；阿拉斯加出现历史最高气温，格陵兰岛冰川融化速度加剧；飓风在加勒比海地区及墨西哥湾沿岸地区肆虐，而"百年一遇"的洪水也频频泛滥于美国中西部；印度第六大城市金奈极度缺水，南非开普敦和巴西圣保罗的情况也几乎同样糟。而生物学领域也没什么好消息：20世纪70年代至今，北美洲的鸟类种群减少了30%；昆虫数量减半；大堡礁珊瑚大面积死亡；大象与犀牛数量急剧下降；全球渔业资源面临威胁。这些物种虽然还未灭绝，但种群数量锐减意味着它们已经踏上了通往生命终局的必然之路。

世界失去控制了吗？简言之——是的。而且我们知道原因：罪魁祸首就是我们自己。是人类将温室气体排入大气，这不仅使地球变暖，更造成了强度越来越大、频率越来越高的热浪、干旱、风暴。是人类不断改变土地利用方式、过度开采，导致越来越严峻的气候变化，从而将物种推向了灭绝的边缘。了解到这些后，也许最令人沮丧的是来自人类的回应：人们普遍无动于衷，且这种情况在我的祖国——美国尤甚。

这颗行星所发生的变化将改写我们子孙后代的生活，可为什

---

① 《圣经·新约》的最后一卷，记载了使徒约翰在拔摩海岛上看到的异象，包括对世界末日的预言，描述了接二连三的大灾难与最终审判。——译者注（若无特殊说明，本书脚注均为译者注）

么如此多的人对这些变化如此漠不关心？1968 年，塞内加尔护林人巴巴·迪乌姆（Baba Dioum）给出了一个令人难忘的答案。"最终，"他说，"我们将只会保护我们爱的东西，我们将只爱我们理解的东西，我们将只理解别人教给我们的东西。"

这本书正是我在"理解"这一步所做的努力，我希望借此倡议人们感恩地球漫长的历史，是它一点点塑造了地球今天的面貌；借此告诫人们，人类活动给 40 亿岁的地球带来了怎样的巨变；借此告知我们面临的挑战，告诉所有人，为了地球的明天，我们应该一起去做些什么。

第一章

化学改变地球

地球的诞生

万物之初……怎么说呢……只有一小块、一小点、一小片，体积小到不可思议，而密度却大到难以想象。它并非无垠宇宙中的浓缩物，它就是宇宙本身。没人晓得它是怎么来的。

此前（如果存在"此前"的话）的一切同样是个谜。然而，约138亿年前，这颗原始的宇宙之核开始极速膨胀——随之而来的"大爆炸"（Big Bang）向外释放出巨大的能量与物质浪潮。此时，岩石和人类赖以生存的矿物质并不存在，甚至连构成岩石、空气和水的原子都尚未形成。在宇宙诞生之初，物质由夸克、轻子、胶子构成，这些奇特的亚原子粒子最终将合成原子。

我们对宇宙及其历史的理解主要源于最转瞬即逝的光。那些诠释着夜空的点点星光看起来并不像我们的史书，但光的两个特性可以帮助我们了解宇宙的演化历程。首先，外来辐射光波波长的强度与光源的成分有关。人类肉眼能察觉到的可见光波长范围很小，而天上的星星及其他天体吸收或散发的射线类型的波长范围则很广，从无线电波到微波，再到 X 射线和 γ 射线，每一种光都有属于自己的故事。而且，很重要的一点是，光遵循严格的速度限制：在外太空中，光的传播速度为 299 792 458 米 / 秒。我们看到的日光其实是太阳在 8 分 20 秒之前发射的，而对于离地球更远的星星和其他天体而言，其发出的光到达地球的时间要更长 —— 距离越远，时间越长。从这个意义上讲，我们头顶的星空就是一部天体写就的史书。

在空中均匀分布的微波证实了宇宙大爆炸及其直接影响。大爆炸是时间的起点，几十万年后，第一批恒星诞生，而它们的辐射至今才抵达地球。这些早期恒星是怎样形成的呢？一切都与宇宙"建筑师"——引力有关。引力指不同物体之间相互作用的吸引力，其力的大小由物体的质量和物体间的距离决定。初期的宇宙不断膨胀，原子于其中形成，而引力则将它们拉到了一起。原子不断聚集，彼此间的引力越来越大，最终坍缩成为炽热、致密的球体，其温度之高、密度之大，使氢原子核聚变生成氦原子，同时释放出光和热。一颗恒星就这样诞生了。正是这些体积大、温度高、寿命短的原恒星为宇宙的演变发展确定了"航向"，才有了后来的万事万物，也包括我们人类。

大爆炸产生的物质主要是最简单的元素氢，此外还有氘（即多了一个中子的氢）和氦。与此同时，也形成了极少量的锂以及更微量的其他轻元素，此外就基本别无他物了。实际上，当时的确还有些别的物质，但是我们并不确切地知道那是什么。20 世纪 50 年代时，天文学家开始根据恒星与星系（恒星、气体和宇宙尘埃在引力作用下的集合体）的运动情况计算外太空的引力大小。然而，当他们将天上所有已知天体的质量相加之后发现，该质量值不足以解释观测的结果。外太空一定还存在着别的什么物质，它与正常物质之间存在引力相互作用，但不与光产生相互作用。天文学家给它取了个有意思的名字：暗物质（dark matter）。关于"暗物质是什么"这个问题，天文学家是有想法的，不过没人有十足的把握。相比暗物质，暗能量（dark energy）则更为神秘，它同样被认为是解释宇宙运行不可或缺的存在。我们无法探测到披着神秘面纱的暗物质与暗能量，但两者质量的总和却占宇宙总质量的 95% 左右，它们无疑对宇宙的形成发挥了重要作用。看来，人类对宇宙的探索仍可谓任重道远。

咱们还是说回到常规物质吧。在恒星出现之后，宇宙（主要）由氢原子构成，寒冷而漫无边际。早期的恒星产生了更多的氦，不过，当时地球含有的元素（详见下页表）还没有生成。那么，形成地球所需的铁、硅、氧都是从哪里来的呢？还有碳、氮、磷，以及其他构成我们身体的元素又是哪里来的呢？随着一轮又一轮恒星的迭代更替，所有元素逐渐生成，而这数代恒星正是铸造地球的原子工厂。巨大的恒星内部温度高、压力大，促使轻元素聚变成碳、氧、硅和钙元素；而铁、金、铀以及其他重元素则产生于巨大恒星的爆炸——超新星。镜中的你看上去或许只有几十岁，而构成你的元素却源自几十亿年前的古老恒星。

经过漫长的时间，一些恒星死亡，一些恒星诞生，每一次恒星的生死轮回都为元素清单增添了新的成员，正是这些元素构成了今日的地球和生命。星系之间相互融合重组，黑洞（即密度高到光都无法逃脱的区域）不断出现，最终有了我们今天所观测到的宇宙。

地球与生命的元素构成
（重量百分比）

地球	
铁	33
氧	31
硅	19
镁	13
镍	1.9
钙	0.9
铝	0.9
其他	0.3
人体细胞	
氧	65
碳	18
氢	10
氮	3
钙	1.5
磷	1
其他	1.5

让我们再回到46亿年前，重点看一下银河系旋臂里某片毫不起眼的星云，这片云团主要由氢原子组成，也有极少量的气体、矿物颗粒和冰。起初，该云团体积大、密度小、温度低［是真的很低，只有10—20 K（开氏度）或-460—-420 ℉］。这片云团很可能是被附近某个超新星爆发的力量推了一下，此后便开

始坍缩成一团体积小很多、密度大很多、温度高很多的星云。正如宇宙中其他地方上演过数十亿次的变化重组一样，最终，引力将这团星云的绝大部分拉扯成一个高温、致密、占据中心位置的庞然大物——我们的太阳。该星云中的大部分氢都融为了太阳的一部分，而冰与矿物颗粒则被分离成了一个圆盘，围绕初生的太阳旋转，它的样子很像今天围绕土星旋转、由细小颗粒构成的光环（图 1）。起初，这个圆盘的高温足以蒸发其中的矿物质和冰，但在几百万年后，圆盘开始冷却，外侧冷却速度较快，靠近太阳的一侧冷却速度较慢。

　　日常经验告诉我们，不同物质的熔点和凝固点是不同的。比方说，位于地球表面的水会在 0 ℃（32 ℉）时结冰，而二氧化

图 1　这张引人注目的图片由阿塔卡马大型毫米波天线阵（Atacama Large Millimeter Array）拍摄，它展示的是一颗年轻的类太阳恒星"金牛座 HL"（HL Tauri）及其原行星盘。图片中明显可见众多光环与光环间的缝隙，它们记录下了行星在形成时，将尘埃与气体清扫出轨道的过程。45.4 亿年前，我们的太阳系也许就是这个模样。阿塔卡马大型毫米波天线阵（ESO/NAOJ/NRAO）/NASA/ESA

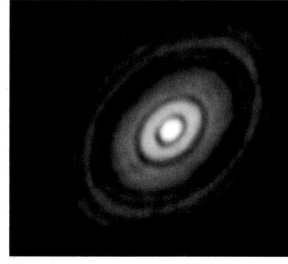

碳液体凝固为干冰时的温度则要低很多（−78.5 ℃）。同样，岩石中矿物质析出的结晶温度在几百至上千摄氏度不等。正因如此，在行星圆盘冷却的过程中，不同物质在不同时间、不同位置结晶成为固体，具体情况依据其离太阳的远近而异。在这一过程中，钙、铝、钛的氧化物率先形成；随后是金属铁、镍、钴；后来，在距太阳很远的"冻结线"之外，逐渐形成了水冰、二氧化碳、一氧化碳、甲烷和氨——它们都是构成海洋、空气和生命的重要物质。然后，一些矿物质和冰碰撞形成了较大的颗粒，这些颗粒又融合为更大的颗粒。几百万年间，在曾经围绕太阳旋转的大圆盘上仅产生了几个大型球体。那块"离太阳第三远的石头"[①]就是地球，这个岩质球体在距离太阳约 9 300 万英里（1.5 亿千米）的轨道上围绕太阳旋转。

* * *

那地球又是如何诞生的？我们又能了解这颗星球早期的哪些经历呢？如果说写就宇宙编年史的是光，那么讲述地球故事的就是岩石。当你凝望着科罗拉多大峡谷，或惊叹于环绕加拿大露易丝湖（Lake Louise）的群峰时，你目之所及皆是大自然这座"图书馆"的"馆藏"，它将数卷地球历史镌刻在每一块石头上。沉

①　*Third Rock from the Sun*，是 1996 年美国拍摄的电视情景喜剧，译名为《歪星撞地球》或《外星人报道》，讲述了四个外星人来到地球，化身为一家人研究人类文化的故事。

积物 —— 譬如由早期岩石风化后形成的鹅卵石、沙子或泥浆，或从水体中沉积的石灰岩 —— 遍布漫滩、海底，一层又一层地记录下在它们形成时地球表面的物理、化学及生物学特征。无论是地球内部深处物质熔化形成的火成岩，还是因沉积岩受到高温、高压作用而形成的变质岩，都让我们了解到这颗星球当时的内部运动情况。这些岩石共同讲述了地球从年少到成熟的发展历程，讲述了生命从细菌到人类的演化故事，以及 —— 或许最宏大的叙事在于 —— 地球在漫长岁月中经历的物理过程与生物过程之间的相互影响。尽管从事地质研究已经四十年之久，但我至今仍惊叹于英格兰南部多塞特郡海岸的悬崖峭壁，它们仿佛让我看到了 1.8 亿年前地球的模样。当然，更奇妙的还是那些讲述数十亿年前地球与生命演变故事的岩石。

如果你仔细观察落基山脉或阿尔卑斯山脉那些耸立的山峰，便会迅速注意到地球历史的另一面。这些形似尖牙的山峰并不是沉积而成的。恰恰相反，它们是侵蚀作用的结果 —— 经年累月，历经物理和化学作用的剥蚀，这些山峰上的岩石和它们所记录的故事被层层剥落。地球一边记录自身的历史，一边又将它们抹去，而当回溯更久远的地球时，我们会发现，它抹去的比记录的更多。我们的星球形成于大约 45.4 亿年前，但地球上已知最古老的岩石仅有大概 40 亿岁。一定有更"年长"的岩石存在，只不过它们已经被侵蚀，或是深埋地下，经过一系列变质作用后已无法辨认。也许有一些岩石尚在加拿大或西伯利亚某处偏远的山坡上，等待人们去发现、去辨认，不过大体上讲，最初的 6 亿年可以说是这颗星球的"黑暗年代"（Dark Age）。

没有"史料"的帮助，我们该如何还原地球初期的历史呢？事实上，我们还有一些"离线备份文件"。是的，我指的正是陨石，它们是来自早期太阳系的"幸存者"，时不时地就有一块落到地球上。我们之所以确信地球和太阳系的其他行星是在45亿多年前形成的，就是因为这些特殊的石头，构成它们的矿物质堪称"地质时钟"。（不过它们主要被用来确定地球的形成时间。）一些陨石由毫米大小的球状颗粒构成，被称为"球粒陨石"（chondrite）。据信，在行星形成早期，这些陨石中的球粒通过相互撞击形成了更大的天体（见图2）。经过对球粒陨石成分的仔细研究，以下观点得到了证实：这些球粒陨石中含有的钙、铝和钛等矿物质，是在太阳系圆盘开始冷却的阶段里凝结而成的第一批物质；此外还有少量从邻近的超新星爆炸中喷射而出的小颗粒，它们在太阳系形成的过程中被席卷进来。球粒陨石不仅封存着早期太阳系构成的第一手"史料"，其化学成分也表明，它们正是地球形成时的主要构成物质。

在几百万年的时间里，太阳周围的大部分岩石与冰积聚形成了行星。传统观点认为，尘埃大小的物质首先积聚为较大的颗粒，这些颗粒又聚合成更大的天体，最终形成了微行星——直径达1千米的岩石块，和我们如今在火星和木星轨道之间发现的许多小行星一样。还有一种假说认为，类行星天体是由鹅卵石大小的颗粒直接聚合而成的。无论是以上哪种情况，当聚合的过程接近尾声时，太阳周围只剩下将近一百个大小介于月球与火星之

图2　阿连德（Allende）陨石是1969年坠落至地球的碳质球粒陨石。其基质中的球状颗粒形成于早期太阳系，它们后来聚合成更大的天体，最终构成了太阳系内的行星，其中就包括地球。碳质球粒陨石中同时含有水和有机分子，这些物质最终成为构建地球大气、海洋和生命的原料。图中的陨石块是阿连德陨石的一部分，右下角的立方体边长为1厘米。图片来自维基百科知识共享（Creative Commons），马迪奥·切内拉托（Matteo Chinellato）拍摄

间的天体。这些微行星相互碰撞，形成了太阳系的行星，而其中一次大撞击对我们的母星地球的形成影响深远。在原始地球大体形成的几千万年后，一个火星大小的天体与新生的地球相撞，并将岩石与气体喷向了外太空。喷射出的物质最终聚合成一个相对较小的岩质球体，并被束缚在环绕地球的固定轨道上——这颗星球就是月球。满月或许是诗人的缪斯，但它自身却诞生于暴烈。人类对月岩的研究揭开了月球的种种秘密。

＊＊＊

地球是一个岩质球体，赤道面直径为 7 920 英里（约 12 746 千米）。（实际上，我们的星球并不怎么圆，由于受到自转的作用力，地球两极稍扁、赤道略鼓。）如果你将地球一切两半（当然，不建议这么做），你会看到咱们的母星内部并不是浑然一体的，它更像一颗水煮蛋，由多个同心球层组成（见图 3）。地球的"蛋黄"是炽热而致密的地核，其质量约占地球总质量的三分之一。地核的主要成分是铁，此外还有少量镍，以及大约 10% 的轻元素，可能包括氢、氧、硫以及 / 或是氮。之所以说"可能包括"是因为——这里并没有要冒犯儒勒·凡尔纳（Jules Verne）[①] 的意思——毕竟还没人真去过地心采集样本。地震时产生的地震波发挥的作用很像医院的 CT 扫描仪，我们能从这些地震波被传播、反射、折射或吸收的情况来判断地核的大小和密度。不过，测算密度的前提是地核的物质主要但又不完全由铁构成。实验室研究和计算显示，地核中还含有诸如上述那些轻元素的混合物，不过，这种混合物的准确成分仍不可知，因为还没有哪一种成分比例符合测算结果。地球的内核——那个半径 762 英里（约 1 226 千米）的球体——是固态的，而外核（厚度约 1 475 英里或 2 374 千米）是熔融态的，靠近内核的高温致密物质会上升，

---

① 19 世纪法国小说家、剧作家及诗人，被称为"科幻小说之父"，代表作《海底两万里》《气球上的五星期》《八十天环游地球》等。此处指他在《地心游记》中对地球深处的想象。

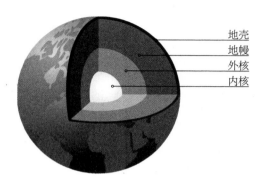

地壳
地幔
外核
内核

图 3 地球结构剖面图展现了地球内部的结构划分。我们脚下的地壳不过是地球表面的一层"薄板",而大气层和海洋甚至更薄。

而上部较冷的低密度物质则会下沉,从而在外核中形成缓慢的对流运动。外核中的这种对流运动构成了一个"发电机",从而产生了地球磁场。平日里,你也许不会想起这个磁场,不过我们确实应该感恩它的存在,因为它不仅保护着大气层,使其免于被太阳风(太阳射出的高能带电粒子流)驱散,还能作用于指南针,使指针(大致)指向北方。

地幔 —— 我们这个星球的"蛋清"—— 包裹着地核,其质量约占地球总质量的三分之二。地幔的主要构成物质是硅酸盐矿物 —— 富含二氧化硅(SiO_2,纯净的石英晶体),其他构成物质包括镁以及少量的铁、钙、铝。与地核的情况一样,我们对地幔的了解也大多来自实验室的地震波研究。不过,地球也会帮我们的忙,时不时把地幔里的物质东一块西一块地运送到地球表面。作为来自地球深处的"信使",钻石无疑格外显眼。这种坚硬的矿物完全由碳元素构成,形成于地表之下 100 英里(约 161 千米)或更深的地方,被岩浆(熔岩和其他火成岩的来源)运送到地球表面。罗丽拉·李（Lorelei Lee）[1]坚称钻石是女孩最好的朋友，但它们也是地质学家的朋友，因为钻石内部细小的包裹体通常含有地幔物质，可以用于实验室研究。

虽然地幔是固态的，但它内部也存在对流运动，只不过对流周期都很漫长。学界对于精确的地幔对流的三维模型尚无定论，同样，我们也并不确定，地幔中所有物质是否都会通过岩浆传至地表形成火山岩。不过，让地质学家达成了共识的是，部分熔融的地幔岩形成了人类最容易触及的地球表层——地壳。

接着用"鸡蛋"来类比的话，地壳就相当于地球的"蛋壳"，其质量还不到地球总质量的 1%，但它是我们唯一能定期观测、取样的地球圈层，可谓一座巨大的知识宝库。构成大陆的地壳含有石英（SiO_2）以及富含钠和钾的长石族矿物，其特有的"花岗岩层"的典型代表莫过于新罕布什尔州的怀特山脉，或是加利福尼亚州约塞米蒂国家公园鬼斧神工般的内华达山脉。而海洋底部的地壳则与之不同，其主要构成物质是玄武岩，夏威夷火山喷发出来的便是这类岩石。玄武岩中有富含钙或钠的长石族矿物，但不含石英。相比大洋地壳，大陆地壳的厚度更大、密度更低，因而能像冷饮中的冰块一样，"漂浮"在大洋地壳之上。实际上，正是由于地球表面的水在地势较低的地方聚集，玄武岩质地壳才会主要位于海底。

---

[1]　1953 年美国电影《绅士爱美人》（*Gentlemen Prefer Blondes*）中的角色，由玛丽莲·梦露饰演。

* * *

那么，地球的圈层结构又是如何演变而来的呢？我们也许会提出这样的假说：地球的同心圈层反映出地球在形成过程中不同物质积聚的结果。然而，这个说法却与众多物理、化学观测结果相冲突。事实上，大多数科学家都认为，在早期地球不断扩大的过程中，各种物体撞击地球以及放射性同位素衰变而产生的热能，使得地球处于熔融状态，局部冷却后形成了不同圈层。

元素、同位素及化合物

元素是化合物的基本组成部分，每种元素的具体特性由其携带的质子和电子的数量决定。举例来说，碳元素的质子数量和电子数量都是 6，因此能与其他元素以独特的形式相结合。氧元素的独特性亦源于它所携带的 8 个质子和 8 个电子。世界各地的大小课堂里都张贴着令人类引以为傲的"元素周期表"（Periodic Table of the Elements），它为我们系统直观地列出了人类已知的 118 种元素携带的质子和电子可以怎样形成化学键，以及各元素在自然界中的分布情况。

所有的碳原子均有 6 个质子和 6 个电子，但它们的中子数量则不尽相同。多数碳原子——大约 99%——都是碳-12。这种碳原子包含 6 个中子和 6 个质子，且质量数为 12（以氢原子的质量作为基准 1）。不过，仍有约 1% 的碳原子拥有 7 个中子，质量数为 13；还有十亿分之一的碳原子含有 8 个中子，质量数为 14。人们也许对碳-14 比较熟悉，因为它有一个很特别、很实用的特性——放射性。放射性同位素很不稳定，会随着时间的推移衰变为更加稳定的原子。碳-14 会自发衰变为氮-14。在实验室里，我们可以测量这种衰变发生的速率。测量结果显示，某一样本中的半数碳-14 会在 5 730 年（被称为它的"半衰期"）之后衰变为氮-14。它的这一特性也使得碳-14 成为考古研究中一种极有价值的"年代计时器"。然而，在经历几万年的时间后，样本里的碳-14 含量将不足以进行精确的测算，如此一来，我们还得另寻他法，考虑使用其他同位素 —— 尤其是铀元素的同位素 —— 来追溯地球颇为悠久的历史。

由于质子和电子数量决定了某种元素的特性，不同元素可产生的化学反应也不同，而同位素的质量也会影响其化学反应速率，因此，许多放射性同位素都是校准"历史刻度"的工具。后面我们会看到，同位素的这些特性对于地球史与生命史的研究具有不可或缺的作用。

在这个过程中，质量大一些的元素 —— 尤其是铁 —— 沉到了中心，而硅酸镁等矿物质及其他铁、铝、钙、钠、钾、二氧化硅的混合物则构成了外层结构。于是，地球同心圈层中的地核与地幔形成，紧随其后的便是表层 —— 地壳。

地壳究竟是怎么形成的呢？要想回答这个问题，我们不得不回头看看前面提过的一个结论：不同物质的熔点和凝固点是不同的。在地球初生后的几百万年里，炽热的地幔将其中一些熔融物质运送至地球表层，这些物质慢慢覆盖了整个星球，最终形成了行星科学家称之为"岩浆海"的熔融外层。如果你见过夏威夷最活跃的基拉韦厄火山（Kilauea）刚喷发出来的岩浆，那么你大概能想象出当时地表的景象：在粗糙的黑色表面上，裂缝和刚刚喷发出来的岩浆里闪耀着炽热的橙色火光，而所有这些都被一层热气笼罩着。

就这样，地表的热量逐渐散发至大气，岩浆海随之冷却，最终形成了大体为玄武岩质的原始地壳。随着它的厚度不断增加、底部物质开始熔化，与花岗岩大致相似的、富含二氧化硅的岩石逐渐形成——那便是最初的大陆地壳。早期地壳的演变过程被"封印"在锆石之中。这种细小的矿物质（硅酸锆，$ZrSiO_4$）是由富含硅质的岩浆在凝固成晶体时形成的。锆石拥有一种令地质学家青睐有加的特性：它们在结晶时会吸收一小部分铀在其晶格里，但并不会吸收铅，因为铅离子体积太大，锆石晶体生长时无法容纳。为什么这一点很重要呢？让我们一步步来看。有一些铀离子具有放射性：铀-235 和铀-238 会衰变为铅-207 和铅-206，在实验室可以测算出其衰变速度。铀-238 的半衰期为 44.7 亿年，也就是说，一份实验样本中半数铀-238 的原子核衰变为铅-206 所用的时间为 44.7 亿年；同理，铀-235 的半衰期为 7.1 亿年。由于锆石形成过程中不会吸收铅，今天我们在锆石中检测出的铅就一定源于放射性铀元素的衰变。因此，通过对锆石中铀和铅的仔细测量，我们能得到一只"时钟"，一只追溯地球漫长历史最好的"年代计时器"。

好了，现在我们知道，锆石能帮助我们确认地质年代。不过，倘若地球上没有年龄超过 40 亿岁的石头，那么锆石又如何能够带我们了解地球最初的历史呢？要想回答这个问题，我们必须得到沙滩上走一遭。我和家人最爱马萨诸塞州的北岸，常在那里的沙滩上堆沙堡。那些沙子皆是来自古老高地上被剥蚀的残留物，今天，我们仍能在新罕布什尔州的怀特山脉及新英格兰绵延的山脊上看到这些古老高地的残迹。这些山脉表层暴露了形成于4亿年前一场"造山运动"的花岗岩，而我们之所以知道这些花岗岩的"年龄"，恰恰得益于它们所含的锆石。随着时间的流逝，这些锆石中有一部分因受侵蚀，从山上掉落下来，并随着河水流向海边，最终形成（其实也是暂时的状态）马萨诸塞州北岸的沙粒。如此说来，那片沙滩虽然很"现代"，但却是由非常古老的沙粒构成的，其中包括4亿岁的锆石。

这就是锆石能"点亮"地球"黑暗年代"的原因。澳大利亚西部有一片其貌不扬却饱经风霜的橙色岩石山，人们称之为"杰克山岩层"（Jack Hills Formation），由约30亿年前从河流里沉积下来的砂岩和砾石构成。光是这些岩石的年龄就足够吸引人了——毕竟，如此古老的岩石，我们地球上并没有多少。但要想看到杰克山对人类真正的馈赠，我们还是得仔细审视一下那些几十亿年前被黏结在砂岩里的颗粒。这些颗粒中便有锆石，它们中的大约5%拥有超过40亿年的历史，其中最古老的一颗已经43.8亿岁——差不多与地球的年龄一样。最近，人们在南非和印度也有了类似的发现。

我们能从这些古老的矿物质中了解到什么呢？首先，不是所有的火成岩中都有锆石形成：锆石大多形成于富含二氧化硅的地壳中，随后经过化学反应演变为花岗岩。因此，锆石无疑能告诉我们，地壳早在地球诞生初期便形成了。而锆石中的氧元素则表明，43.8亿年前，地球上已有液态水存在，地球的水圈几乎与地球"同龄"。此外，一些颇为古老的锆石中还含有极少量的其他矿物质，我们可以通过这些矿物质推断出 40 亿年前的地球内部物质构成。或许其中最有趣也最具争议的发现，是藏于一块 41 亿岁的锆石中的微量石墨。这是否是生命的迹象呢？我们把这个问题放到第三章来回答。现在，我还是接着描绘已逐渐清晰的地球年轻时的模样吧。

* * *

截至现在，我们已经聊了地球主体构成的原因，但对生命来说最关键的要素——海洋中的水和大气中的气体，又是怎么来的呢？行星科学家一度假设，地球上的空气和水主要源自地球形成后期掉落在其上的彗星。彗星是早期太阳系里的"天外来客"，常被称为"脏雪球"。它们的主要成分是冰，仅有一小部分是岩石物质。得益于科学家对彗星的最新研究进展，我们如今能够通过试验来验证关于彗星起源的假设；试验的"灵感"则来自氢元素的同位素。对于水中以及地球上其他含有氢的物质中氢元素和氘元素（前面我们提到过，氘是氢的同位素，其质子、中子和电子数均为 1）的含量比例，我们已经有了一定的了解。按理说，如果彗星是地球之水的来源，那么，它内部的氢氘含量比例应该接近我们对水的检测数值。但很遗憾，对彗星的检测结果并不符合试验的预期：彗星中氢元素独特的化学性质表明，它们在地球水中所占的比例不超过 10%。

而地球上剩余的水、大气中的各种气体，以及我们身体里的碳，都来自一些参与过构建地球的陨石，尤其是某些被认为在地球生长后期"到访"的特定球粒陨石。其中，一组碳质球粒陨石尤为值得关注，因为它们含有 3%—11% 的水分，主要是以化学方式结合在黏土或其他矿物质化合物中；此外，它们还含有大约 2% 的有机物质（由碳元素、氢元素组合而成的分子），其中包括构成蛋白质的氨基酸。这说明球粒陨石为地球带来了水和碳；并且，球粒陨石通过了彗星没有通过的氢同位素试验。因此，更有可能的情况是，各种各样的球粒陨石为我们提供了大部分岩石、水和空气，成就了我们称之为"家园"的地球。

在早期的地球上，高温会驱动地球内部的水蒸气、氮气及二氧化碳，形成一层温度高、密度大的气层，可能比我们今天大气层的密度大上百倍。然而，当地球逐渐冷却下来，大部分水汽又慢慢凝结为液体，最终以雨水的形式落到地球表面，形成海洋。与此同时，大气层中有部分二氧化碳与岩石、水发生化学反应，形成了石灰岩，以沉积物的形式回到固体地球上。彼时的地球，或许很像现在的夏威夷：海面上浮现着众多被云雾笼罩的火山。不过，它也可能是另外一副陌生的模样，因为一些科学家认为，辐射驱动的化学反应催生了许多小型有机分子，它们会在当时较厚的大气层中形成一层橙黄色的烟雾。

至此，脱气过程仍未结束——地幔里的水还是要比海洋中的多。此外，水的运动并非单向的，不是只从地幔到地表。我们有理由相信，早期地球的地幔温度太高，其存水量不比今日，因此，早期的海洋也许比现在的更大。不过有一点可以肯定：当时的大气层里还没有氧气。我们会在第四章里聊聊人类赖以生存的氧气，这位"后来者"的诞生不单纯属于物理学的范畴，更是一系列生物学演变的结果。

随着地球的冷却、各个圈层的形成，大型陨星撞击地球的影响慢慢减弱。不过，陨星仍能给地球带来重击。1992 年，一颗小型陨石砸坏了纽约州皮克斯基尔市（Peekskill）城区的一辆小轿车；而亚利桑那州弗拉格斯塔夫市（Flagstaff）附近壮观的巴林杰陨石坑，直径接近四分之三英里（约 1.2 千米），则是约 5 万年前一颗陨石撞击地球的杰作。尽管如此，随着时间的推移，陨石撞击地球的频率已逐渐降低，陨石的最大体积也在减小。而在地球形成初期，能够导致海洋水分蒸发的陨石撞击的确持续了一段时间。其证据并不来自我们自己的星球，而是来自我们的邻居火星——火星古老的南部高地上至今还留存着许多陨石撞击留下的坑迹。其中不乏一些面积巨大的陨石坑：一个名为"希腊平原"（Hellas Planitia）的巨坑直径约有 1 400 英里（2 300 千米）——差不多相当于从波士顿到新奥尔良的距离。这种规模的陨石撞击所产生的能量，相当于数颗原子弹如挂鞭一样爆炸。

关于陨星撞击程度减弱的具体过程究竟持续了多久，学界仍存在激烈的争论。自人类开始探索月球起，一种比较流行的解释是：约 39 亿年前，太阳系内部各星体经历了一段被频繁撞击的过程，科学家将其命名为"后期重轰炸期"（Late Heavy Bombardment），可谓陨星撞击峰值期，而月球正是这一过程的产物。支持该解释的论据大多来自宇航员从月球表面各处采集到的样本。没想到，那些样本中真的包含39亿年前频繁撞击的证据。起初，科学家认为这不过是陨星撞击过程中的某一次"尖峰时刻"，因为对太阳系模拟测试的结果显示，在土星与木星轨道形成的过程中，可能有许多来自外太阳系的物质被土星和木星逐出轨道，形成了数量众多的流星体。不过，一些行星科学家对此有不同看法。他们认为，那些支持39亿年前密集撞击期的月球采样其实都来自某一颗陨星制造的大撞击，而非多个陨星同时撞击的结果。另一些科学家则坚持认为，39亿年前的密集撞击期标志着太阳系从猛烈碰撞转向宁静的漫长过程的开始。最新的太阳系动力模拟结果是支持"后期重轰炸期"这一说法的，但它也表明，密集撞击的发生时间可能远比39亿年前要早。目前，许多科学家都相信，从43亿—42亿年前开始，能够导致海洋水分蒸发的陨星撞击便不再对地球构成威胁。

地球的诞生可谓一出持续了1亿年的大戏：它源自古老的恒星物质，后经过积聚、熔化、分层，最终形成了我们这颗星球的内部结构、海洋和大气。44亿年前，地球终于成为一颗沐浴水中且外层被气体覆盖的岩石星球。陆地已经开始形成，不过面积都很小，或许几乎被海洋淹没。在我的想象中，早期地球看起来就像把印度尼西亚铺满整个球面：海面之上浮出许多火山口，如现在大陆一般的地块则极为有限。彼时，地球被一层厚厚的气体包裹着，但其中并没有氧气，所以，如果真有人穿越回那个时候，他们也待不了多久。虽然当时的地球已经有一些与今日相似的特点，但它还未长成我们现在所看到的样子。我们所熟悉的大块陆地、可供呼吸的空气 —— 还有生命 —— 都尚未出现。

第二章

物理改变地球

地球的塑造

法拉提隆斯山（Flatirons，又称"熨斗山"）坐落于美国科罗拉多州博尔德市（Boulder）西部，高耸的山峰形如一颗颗巨大的牙齿，仿佛要对着天空咬上一口，而这些"尖牙"东边紧挨着的却是平缓起伏的平原。我们都知道地球有许多标志性的地貌景观：落基山脉、阿尔卑斯山脉，以及其他与草原及沿海平原形成鲜明对比的山脉。大陆和火山岛常像耀眼的项链一样，浮现在广阔的海面上。对世界上的一些地方而言，地震可谓持续不断的威胁，但对另一些地方来说，地震甚至是鲜为人知的。地球表面的这些特征到底是怎么来的？通过它们，我们能了解到哪些地球内部的活动情况呢？

　　著名作家约翰·麦克菲（John McPhee）对地球错综复杂的历史也有所探究，他写道："如果要我用一句话来总结我的研究成果，那么我会选择这一句：珠穆朗玛峰是在海洋沉积的石灰岩。"海拔8 000多米高的珠穆朗玛峰上有贝壳化石；法拉提隆斯山曾经平缓的岩层如今变得近乎陡立垂直；在本州岛的稻田中，高耸入云的富士山是那么突兀——不胜枚举的例子使我们认识到，地球表面是动态的，是地理、地貌、气候不断变化的"万花筒"。

虽说这已是现在人们普遍认识和理解的观点，但它的普及其实经历了相当长的时间。

几千年来，我们的祖先相信，地球的物理特征是永恒不变的——峦嶂、峡谷、自然资源，还有描绘人类生活的图腾都不会改变。直到 17 世纪，这种观点开始崩解。当时，美第奇家族的私人医生尼古拉斯·斯泰诺（Nicolas Steno）辨别出舌石（*glossopetrae*）——托斯卡纳的山坡上久经风霜而剥落的、呈舌头状的石头——是某类鲨鱼的牙齿。斯泰诺推断，随着鲨鱼尸体的腐烂，它们的牙齿会慢慢沉入海底的沉积物中。如果我们接受这个论断，那么，在可以眺望佛罗伦萨的托斯卡纳山坡上发现的鲨鱼牙齿表明，要么曾经的海平面比现在高，要么构成该山坡的岩石曾位于海底。

一个世纪之后，现代地质学之父——詹姆斯·赫顿（James Hutton）的著作让"地质变化无常"的概念得到越来越多的关注。赫顿的宅邸位于苏格兰爱丁堡附近，与其他 18 世纪后期的博物学家一样，他常会在离家不远的山坡上散步时，观察植物与相应环境的关系与变化。与陆地植物一样，海洋植物也有各自相适的环境。福斯湾（Firth of Forth）附近水域里的海藻和海葵似乎对栖身之所适应有加。然而，赫顿却另有发现。他注意到，自己散步的这座山坡正在缓慢却不可阻挡地被侵蚀剥落，而剥落的沙石和泥土正充填着福斯湾。

这一现象给赫顿出了一道难解的谜题：如果说支撑这些物种繁衍的栖息环境处于持续衰退的状态，那么这些物种究竟是怎样长期生存下来的呢？赫顿的解释简单中透着优雅：时光荏苒，沧海桑田，所有山川都将被侵蚀剥落，但地壳的上升运动（赫顿认为其动力机制是热能）又会形成新的山体。同理，海湾也许会被填平，但地球内部的运动也会持续产生新的海湾。如此说来，是地壳上升与侵蚀作用之间的动态平衡维持了地球环境的稳定性。

　　如果地质学家们有一个钟爱的圣地，那它一定是西卡角（Siccar Point）。西卡角是位于爱丁堡东边海岸的一个岩石海角。在那里，在平伏的砂岩之下，竟然可以看到层理垂直、年代更为久远的岩石被侵蚀的表面（图 4）。暴露在外的那些层理垂直的岩石形成于很久以前，由海底沉积物以水平方向一层又一层地积聚而来。后来，地质运动将它们向上推挤，使其慢慢倾斜上扬，最终形成层理垂直的样子。再后来，由于受到侵蚀，这些垂直生长的岩床表面被剥落出平伏的表层，最后它们又会被从古老河滩上流过的河水带来的新生沉积物所覆盖。如今，所有沉积物正立于北海（North Sea）之上，并在缓慢地剥蚀消失。1788 年，赫顿乘船来到这里，他发现自己在爱丁堡附近山上观察到的动力演变现象与这里如出一辙。赫顿意识到，西卡角这块岩石的形成需要相当长的时间才能实现。赫顿当时的同伴约翰·普莱费尔（John Playfair）在几年后回忆道："那些巨石仿佛时间的深渊，当你看向它们时，脑袋似乎都要发晕。"当时的赫顿必然无从知晓西卡角岩石的年龄，但我们现在已经知道，那些纵向的岩层形成于 4.4 亿—4.3 亿年前的志留纪时期（Silurian Period），而其上覆盖的水平方向的砂岩层则来自比志留纪晚 6 000 万年的泥盆

图4 位于苏格兰的西卡角。在这里，詹姆斯·赫顿领悟到地球的动态活力与岁月的悠悠无垠。安德鲁·H.诺尔拍摄

纪时期（Devonian Period）。

随着 19 世纪和 20 世纪早期的地质学家在全球各地测绘地质图件，赫顿提出的"地壳上升与侵蚀作用循环往复"的概念变得愈发清晰。不过，如在阿尔卑斯山等地，专业人士发现，山体断层和褶皱的形成并非仅仅是地壳纵向运动的结果，岩石也一定发生了水平位移。20 世纪初期，德国气象学家阿尔弗雷德·魏格纳（Alfred Wegener）的著作为现今人类关于地表活动及其特征的理解奠定了基础。同许多年轻人一样，魏格纳也会在下雨天对着家里的地球仪看得入迷。他注意到，如果我们把大西洋两边的大陆相向移动，巴西凸出来的部分刚好可以嵌入非洲西岸的海湾，而北美洲东部轮廓也能与撒哈拉沙漠西面的轮廓吻合为一个整体。也许各个大陆本不是固定不动的，而是漫游于地球表面，并时不时碰撞在一起，撞出了高山大川？也许海洋盆地正是曾经连接在一起的陆地最终撕裂漂移开来的证据？

1915 年，魏格纳出版了《海陆的起源》（*The Origin of Continents and Oceans*）一书，概述了自己关于大陆漂移的想法。该书的出版引发了学界的激烈争论，仅用"看法不一"来形容实属轻描淡写了。北美洲及欧洲的知名地球科学家 —— 后被称为"固定论者"—— 拒绝接受魏格纳的观点，因为他们无法想象各个大陆是通过一种怎样的动力机制越过海洋盆地的。相比北半球的科学家，南半球的地质学家们对这种观点更有兴趣。他们不仅赞同魏格纳关于大陆板块轮廓相互吻合的论述，更明确知道，大西洋四周的大陆板块上的地质特征说明，它们曾经是一体的。化石为他们提供了证据。举例来说，大约 2.9 亿—2.52 亿年前，地球上有一种名为舌羊齿（*Glossopteris*）的植物，其化石可见于非洲南部、南美洲、印度和澳大利亚，后来，人们在南极也发现了舌羊齿化石。对此，传统的解释是，这些植物是越过了如今已不复存在的大陆桥迁移至各大陆的。而对南半球的地质学家来说，这样的解释就像大陆漂移理论在固定论者心中的形象一样荒谬。当然了，那些固定论者都是来自欧洲及北美洲各大学有名望的教授，与南半球那些只会研究石头的人相比，占据此番争论上风的显然是教授们。

为了解开大陆漂移之谜，科学家不得不将目光转向海洋。纵观人类历史，深海底部多数时候都是一块未知领域。水手们每日航行在海面上，却无人知晓海面之下是怎样一番景象。直到第二次世界大战期间，在人们研发出用于监测敌军潜艇的声呐后，深海中的山脉和海沟才得以"浮出水面"。到了 20 世纪 50 年代，美国科学家布鲁斯·希曾（Bruce Heezen）与玛丽·撒普（Marie Tharp）发现了大西洋中脊。那是一条令人惊叹的山系，自冰岛（冰岛即是该山系的一部分）北部延伸至南极半岛顶端，将大西洋海底一分为二。太平洋、印度洋及南大洋底部也有相似的地形特征，希曾和撒普绘制的无海水地图将其清晰地展现了出来，这张令人印象深刻的地图（图5）颠覆了人们对地球的认知。自此，人类对海底世界有了新的认识，而这无疑也表明，是时候以全新的方式和视角来看待地球了。

普林斯顿大学地质学家哈里·赫斯（Harry Hess）在二战期

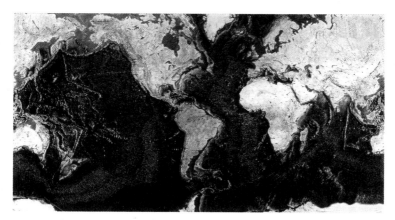

图 5 1977 年布鲁斯·希曾与玛丽·撒普绘制的极具革命性的地图。图中可见深海底部耸起众多绵延的山系及其断层。《世界海底全景图》，布鲁斯·希曾、玛丽·撒普绘制，1977 年，版权为玛丽·撒普所有（1997/2003），玛丽·撒普地图有限责任公司（Marie Tharp Maps LLC）与拉蒙特–多尔蒂地球观测站（Lamont-Doherty Earth Observatory）授权翻印

间完成了诸多地质观测结果，为人们刷新对海洋盆地的认识打下了基础。1962 年，他做出了大胆假设，认为海底山脊在地球系统中扮演着重要且独特的角色：它们是大洋地壳的诞生地，并不断将各个大陆裂解开来，虽然过程缓慢，但事实无疑如此。仅不到一年的时间，赫斯提出的"海底扩张"假说便得到了英国地质学家弗雷德里克·瓦因（Frederick Vine）和德拉蒙德·马修斯（Drummond Matthews）的证实。问题的关键藏于地球的磁场之中。易受地球磁场影响的矿物——比如恰如其名的氧化铁这种磁铁矿——在结晶时会沿着地球磁场方向排列，从而能够记录下在它们形成时地球磁场的方向。地球磁场的方向每隔几十万年就会不明原因地出现 180 度反转。瓦因和马修斯观测到，历经几

百万年间的数次磁场反转，大西洋底地壳的磁场记录呈平行条带状，且以洋中脊为轴相对称。在通过放射性同位素测定洋壳岩石年龄后，科学家发现，距离洋中脊最近的岩石最"年轻"，而以洋中脊为轴，距离欧洲或北美洲越近，洋壳中的岩石就越古老。显然赫斯是对的：大洋地壳不断新生于洋中脊，大陆间的距离也因此不断扩大——从波士顿到我最爱的伦敦酒吧的距离正以每年约 1 英寸（2.5 厘米）的速度扩大。若以人类的时间尺度来衡量，这个速度似乎慢得可以忽略不计——显然影响不了我往返两地之间的旅行，但如果站在更为宏观的角度来看，在过去 1 亿年里，大西洋的宽度已经扩大了近乎 1 600 英里（约 2 600 千米）。正是"海底扩张"假说解开了"大陆漂移"之谜，而另一个新学说也就此产生——那就是"板块构造论"。

除非地球的体积在不断扩大（然而它并没有），否则洋中脊附近新地壳的生成必然意味着老地壳在其他地方的消亡，而俯冲带便是它们的葬身之地。俯冲带就是某一板块俯冲于另一板块之下的线状构造带，地壳岩石在此返回地幔——从哪里来，回哪里去。大西洋正在扩张，虽然速度缓慢，但的确势不可当，而由于板块间的俯冲，北自阿留申群岛、南至印度尼西亚的太平洋盆地之外已经形成了环太平洋火山地震带。事实上，板块的下沉导致了洋壳的裂开，新生洋壳因此才被动地从洋脊处形成。在俯冲进入炽热的地幔之后，板块开始熔化，其产生的熔融态物质升至地表后便催生了火山。板块间的摩擦力的确可以使它们暂时稳住不动，但下沉板块不断产生的作用力会导致压力最终超过摩擦力。

随后而来的是既迅速又猛烈的板块运动——地震。对洛杉矶和东京的居民来说，频发的小规模地震并不可怕，因为它们能够减弱板块间的摩擦力，而真正应该担忧的恰恰是无震的平静期。

如此说来，地球表面就像由不断相互作用着的刚性板块构成的马赛克图案，是由地壳及其下层固态地幔构成的地球"岩石圈"（图 6）。大约有一半的板块包含大陆，这些大陆随着它们上升或俯冲的板块相互远离或碰撞；剩余的板块则仅包含洋壳。地表的山系可形成于洋壳俯冲至大陆之下的地方——安第斯山脉便是一例。此外，两个大陆也能碰撞出山脉——例如印度半岛与亚洲腹地撞出来的喜马拉雅山脉。在今天看来，规模略小的阿巴拉契亚山脉与板块俯冲带的位置相去甚远，但它们的确是 3 亿年前古老大陆碰撞的见证者。同样，贯穿俄罗斯的亚欧大陆分界线——乌拉尔山脉也是很久以前大陆板块碰撞的结果。

板块之间也可能只是擦身而过，既不催生新的地壳，也没有旧的地壳俯冲沉入地幔，或许圣安德烈斯断层（San Andreas Fault）便是最负盛名的一例。圣安德烈斯断层北起旧金山，南至墨西哥，贯穿美国加利福尼亚州。位于东边的北美洲板块与位于西边的太平洋板块之间的摩擦力使该地区地震频发。虽然科学家无法阻止地震的到来，但他们可以借助计算机强大的计算能力，试着去预测地震的发生。

经过英国地球物理学家丹·麦肯齐（Dan McKenzie）及其他科学家的努力，我们现在知道，地球表面板块运动反映的其实是地球内部深处的运动。在本书第一章中，我们讲到地幔内部的对流

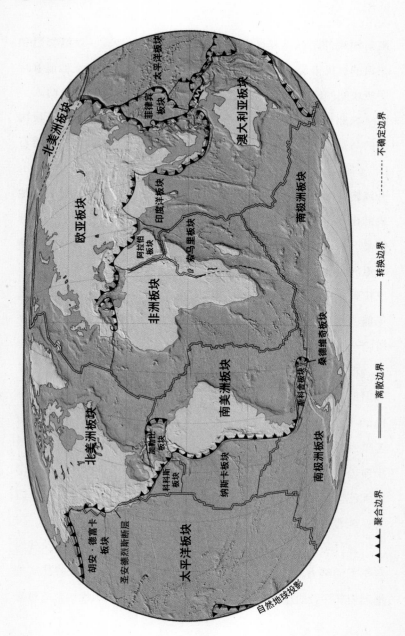

北美洲板块

太平洋板块

菲律宾板块

澳大利亚板块

欧亚板块

印度洋板块

南极洲板块

阿拉伯板块

索马里板块

非洲板块

桑德维奇板块

南美洲板块

新科舍奇板块

北美洲板块

加勒比板块

科科斯板块

纳斯卡板块

南极洲板块

胡安·德富卡板块

圣安德烈斯断层

太平洋板块

自然地球投影

▲▲▲ 聚合边界 ────── 离散边界 ────── 转换边界 ⸺⸺ 不确定边界

图6 各板块紧密联结在一起的地球表面。板块分裂开来，洋脊处形成新生的洋壳（如图中双线条所示），从而导致大陆之间的分离。各板块沿着转换边界（如图中单线条所示）从彼此身边滑过，又在聚合边界（如图中齿状线所示）相碰撞，以致其中一个板块俯冲至另一板块之下。因此，火山、地震和不断增长的山系集中发生在各板块的聚合边界。地图插画由尼克·斯普林格（Nick Springer）/斯普林格地图绘制有限责任公司（Springer Cartographics, LLC）绘制

运动：温度较高的物质从底部向上流动，温度较低的物质则返回地核。事实上，高热（因此会上浮）的地幔物质上升至表面便形成了山系，而俯冲带则会与下沉的地幔物质相遇。因此，地图上和旅行中那些熟悉的山川、海洋都是地球内部运动过程的写照（图7）。

不过，板块构造论并不能解释所有现象。譬如在1811年，美国密苏里州遭受了有记录以来最为剧烈的地震之一，直到今天人们仍不能解释其原因。尽管如此，关于地球内部的运动，板

图7 山系的生成可以是大陆相撞的结果（如阿巴拉契亚山脉），也可以是如图所示的洋壳俯冲至陆壳之下的结果（安第斯山脉）。这一切皆因地表之下地幔的对流运动而生。海沟，即海底的线状洼地，则是反映聚合板块边缘运动的地表特征。图源：美国地质调查局（U.S. Geological Survey）

块构造论的确为我们提供了最基本的、颇有说服力的解释。根据板块构造论的观点，海洋盆地形成又消失，山系耸起又蚀散，地震的发生不断打破安宁，而且，情况一直如此——果真一直如此吗？

* * *

就像福尔摩斯探查的那些谜案一样，重建地球的构造历史是一个地质学挑战。我们可以观察和量化扩张、俯冲和其他现今正在发生的过程，但是我们怎么知道，千万年前甚至数亿年前，地球发生了什么呢？关于过去的约1.8亿年的历史，大洋地壳已经通过其磁极条带给了人类指引，让地质学家们能够"倒带"，追溯板块构造的过程。举例来说，如果想知道1 000万年前各大陆的位置，我们可以找出所有正在变老或者说相对较年轻的洋壳，然后（借助虚拟方式）将其移除，再把剩余的部分拼合在一起即可。与现在相比，当时地球上的大西洋面积更窄，阿尔卑斯山脉和高加索山脉之类的山系也不像如今这般高耸。但从外太空看，那时的地球和现在并没有太大差别。

5 000万年前，大西洋还没有现在这么大，若从空中望去，它的样子可能会显得有些陌生；印度半岛位于亚洲以南，四面是海，并不与亚洲接壤；澳大利亚刚刚开启从南极洲分离开来的旅程；南北两极也没有冰层；欧亚大陆低洼地区及美国东部沿海地区还在海平面之下。

1亿年前，地球的样子就更为不同了：落基山脉开始形成，但还没有阿尔卑斯山脉和喜马拉雅山脉；北美洲中部大部分地区及欧亚大陆南部都被浅海覆盖；大西洋形状狭长；澳大利亚还与南极洲连接在一起；印度半岛逐渐嵌入非洲与南极洲之间的夹角里。

　　大致规律已逐渐清晰：再向前"倒带"，我们会发现今天独立于彼此的大陆们曾是一个独立完整的大陆。的确，至少从地理角度来看，大约1.8亿年前的地球与现在完全不是一个样（图8）。当时，南半球的所有大陆都连接在一起，科学家称之为"冈瓦纳古陆"（Gondwana）——这要得益于舌羊齿化石带来的信息。与此同时，冈瓦纳古陆又与北美洲及欧亚大陆相连，它们一起构成了一个独立的泛大陆，如今已经不复存在的特提斯海（Tethys，又称古地中海）深嵌其中。当然，事实是，1.75亿年前，泛大陆因受到地幔对流的作用力而开始裂解，新生洋壳使得大陆板块四散开来，新的海洋，特别是大西洋，也因此诞生。随着太平洋海底地壳朝着向西移动的南北美洲板块之下俯冲，安第斯山脉与落基山脉逐渐形成。从冈瓦纳古陆分离出来的板块慢慢北移，为南大洋的形成腾出了地方，同时也终结了特提斯海，随后，这些游离的板块与欧亚大陆碰撞，形成了今天从比利牛斯山脉延伸至喜马拉雅山脉东部的连绵山脊。直至今日，地球演变的故事仍未结束：澳大利亚正向着亚洲方向移动，并在其北移的过程中"推"出了新几内亚岛上极为壮观的山脉，其山峰的海拔高度可达约15 000英尺（4 500米）。

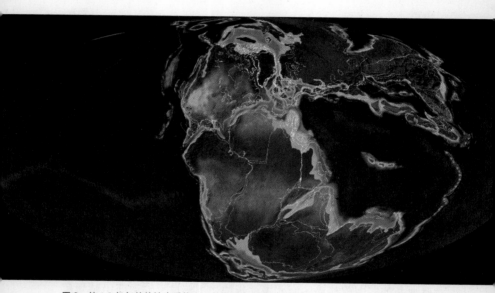

图 8 约 1.8 亿年前的地表重构图。曾经完全连接在一起的大陆此时大体还在一起。大西洋的形成"通道"刚刚打开；而随着非洲、印度、澳大利亚逐渐与泛大陆分开并向北移动，特提斯海（亚洲以南、冈瓦纳古陆以北的海域）即将消失。最终，这些板块会与欧洲、亚洲碰撞在一起，从而形成一条贯穿阿尔卑斯山脉和喜马拉雅山脉的山系，并持续催生新几内亚岛。图片提供：科罗拉多高原地理系统股份有限公司，2016 年

由于板块的俯冲作用已经摧毁了 1.8 亿年前的洋壳，海底记录能够告诉我们的故事大体就是这些了。不过，地质学研究显示，板块构造的发生远早于此。相比洋壳，陆壳抵抗俯冲作用的能力更强，因此，在它们身上仍留存着更为久远的历史记录。无论是大陆上沉积岩的规模和特性，还是花岗岩及其他火成岩的化学性质与分布，或是古老山系上断层与褶皱的分布方式，都在清晰地告诉我们：板块构造运动对地球表面的改变至少始于 25 亿年前。由于地球是个球体，那些裂解开来的超级大陆最终仍会重组。加拿大地质学家 J. 图佐·威尔逊（J. Tuzo Wilson）率先意识到这一规律，即超级大陆的裂解、漂移及重组是地球不断重复的周期性过程。为了纪念他做出的贡献，人们将该周期性过程称为"威尔逊旋回"。如今我们已经证实，在过去的 25 亿年间，地球表面重组形成了五个超级大陆，就像泛大陆一样，它们都注定会走向裂解。阿巴拉契亚山脉、斯堪的纳维亚半岛的加里东造山带（Scandinavian Caledonides）以及乌拉尔山脉都是古大陆之间碰撞的见证者。位于非洲、南美洲的泛非褶皱带则记录了更为久远的超级大陆重组过程。

* * *

我的办公桌抽屉里至今还珍藏着克里斯·斯科泰塞（Chris Scotese）于 1979 年制作的一本手翻书（当年还是研究生的克里斯，如今已经成为全球古地理演变方面的权威专家）。这本手翻书的每一页都展现了某一特定时期各大陆在地表上的位置，当你快速翻阅这本书时，所有的大陆似乎都动了起来，就像早期的定格动画一样。每隔几秒就会闪过诸如"砰""嘎吱"以及"轰"这样的词，用来表现大陆间的碰撞与其自身的裂解。1788 年，詹姆斯·赫顿写道，我们从地质记录中"既找不到开始的迹象，也看不出结束的趋势"，这无疑也是克里斯这本手翻书带给我的感觉。但是，第一章已经告诉我们了，地球的确记录下了它"开始的迹象"。那么，循着地球板块运动的轨迹，我们能回溯地球最初的历史吗？

答案是"也许能吧"。重建地球板块运动史最主要的挑战与第一章中我们遇到的一样：年龄超过 30 亿岁的岩石少之又少，而能够记录地球最初 4 亿余年历史的岩石则根本没有。地球上保存下来的古老岩石给我们留下的化学和几何线索既令人着迷，又极为有限；现在学术界经常提及的诸如"停滞盖层"（stagnant lid）、"下陷构造"（sag tectonics）这样的词汇，都是与我们理解的"板块构造"有所不同的另一些地质运动情况。不管怎样，毫无疑问的是，早期地球内部温度较现在更高，因而当时岩石圈肯定比现在更厚，但也更脆弱。

一些地质学家假设，随着地球岩浆海的冷却，原始地壳逐渐裂开，顺着这些裂缝从地幔中渗出的岩浆将裂缝左右的地壳推开，由此揭开了板块横向运动的序幕。随后，地壳不断扩张，俯冲运动必然紧随其后，下沉板块的熔化催生了地球上最早的花岗岩地壳。根据这种假设，与板块构造相似的运动进程自地球诞生初期便有了。另一种假设则认为，最早的花岗岩形成于地幔中熔融状岩浆的喷发。喷发先是形成了一层又一层的玄武岩，直到其达到一定厚度，致使该玄武岩底层开始熔化产生花岗岩。于是，问题出现了。花岗岩通常反映的是海底玄武岩板块的俯冲和局部熔化过程，但依据第二种假设，在早期花岗岩的形成过程中，并没有板块运动发生。此外，还有一些关于早期岩石具体化学成分和特性、早期地形结构特征方面的争论。许多观测结果都与板块构造论提出的假设相吻合，但另一些结果又充分展现了早期地球的独特性。

第一章中讲到的锆石中藏着重要线索。锁在锆石晶体中的微量元素显示，早在40多亿年前，地表物质便移动到了地球内部，但在此之后，地表物质向地内移动的速度大大加快了。科学家对于这一现象的解读是：最初，地球上携带锆石的岩浆形成于厚厚的火山堆底部。这些火山堆即为一种"停滞盖层"，它们不发生横向或俯冲运动。然而，到了38亿—36亿年前时，俯冲作用开始启动，从而引发了类似板块运动那样的地质运动。

2020年春，科学家的新发现让我们离答案又近了一步。前面我们提到，岩石的磁性是理解海底扩张的关键，也是解开板块运动机制之谜的钥匙。用磁极条带来判断物质运动方向的方法使我们得以追溯大陆运动的过程。举例来说，如果一块大陆从赤道附近出发，朝着北纬30度移动，它在移动过程中会产生火山物质，而这些火山物质中矿物的磁极方向可以帮我们重建该大陆的移动轨迹。那么，最关键的问题来了：早期地球上岩石的磁极移动轨迹是否记录了大陆的横向运动呢？答案是肯定的。为此，哈佛大学的亚历克·布伦纳（Alec Brenner）和罗杰·付（Roger Fu）等人付出了巨大努力，做了十分细致的分析研究。他们的分析结果表明，30亿年前，位于今天澳大利亚西北部的一个地块曾发生过跨纬度的横向漂移，其移动的速度刚好与现在波士顿远离欧洲的速度差不多。

尽管早期地球的运转模式不见得与现在相同，但这一发现为板块构造起源提供了更有力的依据。早期地球上发生的实际情况也许是：板块构造首先发生于局部地壳，随后与停滞盖层共存了一段时期，板块构造过程是偶发的、不定期的，而非连续不断的。依据这种推论，地幔内部对流作用最早促使了板块发生移动和俯冲。如今，板块运动的驱动力是其向下俯冲时产生的、朝向地幔的拉力，然而，早期地球的地壳板块实在太脆弱了，俯冲还未开始便会碎裂，以致下沉的板块发生脱离，俯冲过程也就此结束了。这是早期花岗岩的形成方式之一，但是并不常见。随着时间的推移，地幔逐渐冷却，岩石圈层逐渐得到加固，地球也从此进入了现代板块构造模式。

* * *

虽然关于地球早期的板块构造史仍无定论，但许多地质学家都认为，大约30亿年前，与现在类似的板块构造模式已经开始塑造这颗星球，并对地球产生了巨大而深远的影响。澳大利亚地质学家西蒙·特纳（Simon Turner）与同事一起给出了言简意赅的结论："从诸多角度来看，板块俯冲的起始开启了现代地球和人类赖以生存环境的塑造进程。"

　　板块运动并非星球形成的必然结果。举例来说，火星上并没有任何古老或现代的板块运动迹象，金星上亦如是。然而，地球上的板块运动却开始得很早，为塑造地球表面状态与环境维系奠定了基础。也正因如此，地球不仅仅是一个拥有海洋、大气、山川、火山的星球，它更是一个能够维系生命的星球。

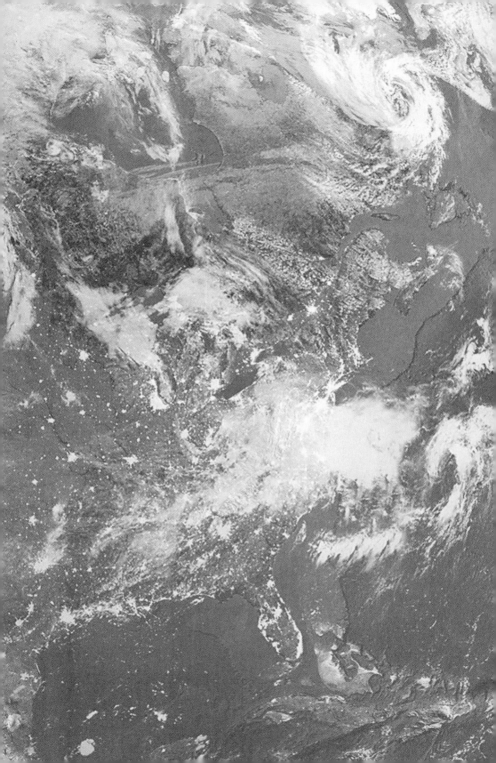

第三章

早期生物改变地球

遍布生命的星球

2004 年初，美国"机遇号"（*Opportunity*）火星探测车于火星表面的老鹰撞击坑（Eagle crater）处着陆。那晚的事情，今天的我记忆犹新。当时，我有幸作为科学团队的一员，在火星探测任务基地——喷气推进实验室（Jet Propulsion Laboratory）聚精会神地观看了"机遇号"着陆的全过程。当美国国家航空航天局（NASA）宣布"机遇号"成功落地时，实验室顿时沸腾起来，人们欢笑、拥抱、握手，所有人都激动不已。几分钟后，欢乐便升级为狂喜，因为我们收到了"机遇号"发来的第一组火星照片：亲爱的小"机遇号"刚好着陆在撞击坑边上，而坑壁上堆着层层叠叠的沉积岩。就像地球上的地质学家一个多世纪以来所做的那样，我们此刻终于能通过这些沉积岩的物理与化学特征来重现火星的历史。

在接下来几周里，新发现源源不断。直到今天，我们也无法判定那些岩石的年龄。如果缺少可以精确测定其年代的火山岩，我们很难构建火星史的时间线。不过，据评估，老鹰撞击坑内的岩层形成于 35 亿—30 亿年前，与地球上最古老的轻变质沉积岩的年龄相仿。这些岩石都是砂岩，其中一些带有波痕，就像海浪冲刷海岸后在海滩上留下的波纹一样。只有流动的水才能造就老鹰撞击坑中这些岩石的波痕。与此同时，科学家通过化学分析得到的结果显示，构成老鹰撞击坑的砂岩颗粒的主要成分是盐——它们形成于水与火山岩之间的相互作用。如此说来，如今寒冷、干燥到令人生畏的火星，曾经也是个相对温暖与湿润的星球。

在"机遇号"着陆火星五个星期后，美国国家航空航天局在其总部召开新闻发布会，对外公布了此次火星探测的发现成果。这场发布会的原则只有一条：科学家代表们只谈"水"，不提"生命"。话虽如此，但关于老鹰撞击坑处岩石上水痕状的波纹，科学家做了长达一小时的详尽描述和讨论，于是我们也不难想象，世界各地的新闻通讯社都急忙发布出关于"火星上存在生命"的惊人消息。就拿美国有线电视新闻网（CNN）来说吧，当时他们在网上发布了非常吸引眼球的新闻标题——"这颗红色星球或存在适宜生命存活的环境"。相对大多数媒体而言，《连线》（Wired）杂志显然持怀疑态度，其网站上写道："火星上可能存在过可维系生命的环境，事实真的如此吗？"

这次关于火星的新闻发布会充分表明，无论是青少年，还是诺贝尔奖得主，关于火星这样的地外星球，大部分人感兴趣的问题不是它上面的岩石，不是盐，不是风，甚至也不是水——至少不单单是水。行星（及其卫星）探索之所以令人着迷，恰恰是因为我们或许会发现生命的存在。在我们的太阳系里（就目前人类认知水平来讲，也可以说是"在整个宇宙中"），地球作为一颗"有生命的星球"显得格外与众不同。我们尚不清楚，生命是否曾经存在于地球之外的某个地方。在今天看来，在太阳系中某个有水的地方，譬如木星和土星的两个被冰层包裹的卫星——木卫二和土卫二上，有微生物存在的可能。不过，我们很清楚的一点是，在太阳系里的这些"左邻右舍"中，只有地球上的生命改造了他们的家园。为什么是地球？借用亨弗莱·鲍嘉（Humphrey Bogart）的那句经典台词，"世界上的小酒馆那么多"[①]，为何生命偏偏选择在银河系中毫不起眼的地球来繁衍生息？生命又是如何重塑地球的呢？

＊ ＊ ＊

首先，让我们回过头去看看，我们一直努力去理解的问题是什么。话说回来，何谓"生命"？波希特带[②]广为流传的一个笑话给出了这样的答案：待到家犬不叫，娃去学校，生命才算真正驾到。笑话归笑话，可如果严肃地对待这个问题，我们不禁思考，我们——以及狗、橡树或是细菌——有别于山川、峡谷、火山、矿物的地方究竟是什么？鉴于我们自己或是我们子女

---

① 1942 年的电影《卡萨布兰卡》中，男主角的经典独白："世界上有那么多城镇，城镇里有那么多酒馆，她却走进了我的。"
② 波希特带（Borscht Belt），又称犹太阿尔卑斯（Jewish Alps），是指美国纽约州的一个夏季度假区地带。"波希特带"一词取自东欧饮食罗宋汤，曾是用来指代东欧犹太人的委婉说法。

的生命经验，我们也许会抢答曰：生物是会生长的。话是不错，不过石英晶体也会生长；而生物不仅会生长，还会繁殖，一年又一年，一代又一代。各种生物从其生存环境中不断获取生长与繁衍所需的物质与能量，这一系列过程被生物学家们称为"新陈代谢"。至关重要的一点是，生命是不断演变的。石英晶体一旦形成就不会变为钻石，而地球上第一代极为简单的生物经过数亿年的时间，演化出数量惊人的多样物种——其中就包括敢于提出"我们从何而来"这一问题的人类。

如此说来，生命的特性包括生长、繁殖、新陈代谢与演化。如果以这些特性来定义生命，那地球上第一批生物是什么样的呢？它们必然没有牙齿或骨骼，也没有枝叶或根系。如今地球上最简单的生物体当数细菌及其小兄弟古菌。它们是极其微小的生物，仅仅在单个细胞内就可以完成生长、繁殖、新陈代谢与演化的整个生命过程。现存生物体最后的共同祖先一定与细菌的细胞近似，但即便是最简单的细菌体也堪称复杂的分子机器，它们是演化的产物，而非生命的起点。

隶属于史密森学会（Smithsonian Institution）的自然历史博物馆（National Museum of Natural History），曾在其"早期地球展厅"长年放映着一部略带幽默又发人深思的影片。这部影片的配音演员朱莉娅·蔡尔德（Julia Child）以她在电视节目《法兰西厨师》（French Chef）中的厨神形象为一代美国人所熟知。影片中，朱莉娅用她解说红酒炖牛肉复杂做法的嗓音，悦耳动听地为观众讲述了"原始汤"的料理配方，这碗汤里混着被视为生命起源所需的简单化学组分。诚然，"生命有'配方'"这个解释显得过于简单，不过这个想法也越来越受欢迎了，因为它简化了生物的复杂性，把复杂的整体拆解为各个组成部分，即构成生命的基本分子。

生物是随时间不断演化的化学机器——如果你愿意，也可以称之为"历史悠久的化学"。因此，探索生命起源的实验所聚焦的问题无疑是：细胞中的化学组分是如何在当时一片死寂的地球上形成的？就拿蛋白质来说吧，它们可谓是吃苦耐劳的角色，对于细胞的结构和功能都举足轻重。我们身体里的蛋白质可以很大很复杂，但它们其实都是通过将相对简单的化合物——氨基酸串联起来而形成的。蛋白质中通常含有 20 种不同类型的氨基酸，不同的串联组合发挥着不同的作用，就像我们用字母组成不同的词汇和句子，来表达不同的意思。所以说，如果我们能够合成氨基酸，那么我们就拥有了构建蛋白质的"积木块"。1953 年，斯坦利·米勒（Stanley Miller）与哈罗德·尤里（Harold Urey）通过实验证明了早期地球上是如何产生氨基酸的。他们认为，地球早期大气中混合的气体分子应该包括二氧化碳（CO_2）、水蒸气（H_2O）、甲烷（CH_4）和氨（NH_3）。实验中，他们先将这些组分装入一个玻璃容器里，随后，米勒在该容器中用电激发火花，以模拟早期地球上发生闪电的情况，此时，容器的内壁开始呈现出褐色。经过检测，米勒和尤里发现容器内壁上的这些褐色黏状物为有机分子——其中包括氨基酸。这是一次具有里程碑意义的实验，它向我们证明，构建生命的关键成分的确可以自然形成。

按照这个方法，我们也能进行 DNA（脱氧核糖核酸）的合成。DNA 极为复杂，是细胞形成的"指导手册"与"进化存储器"，但它也仅包含四个不同组分，叫作"核苷酸"。DNA 的复杂性及其内部携带的信息正是来自这些线性排列的核苷酸。与蛋白质里的氨基酸一样，DNA 中的核苷酸就像是构成词汇和句子的 26 个字母，它们的不同组合携带了不同的遗传信息。同理，核苷酸也可以被分解为更加简单的组分：糖、磷酸根（PO_4^{3-}）离子及一种被称为"碱基"的简单有机分子。这些碱基可由氰化氢（HCN）及其他早期地球上存在的简单化合物合成。但人类的探究成果远不止于此。早在一百多年前，人们就发现，诸如甲醛（CH_2O）之类的简单醛类物质可以合成糖，而甲醛也是古老地球上可能存在的物质；地球上的磷酸根离子则很可能是由火山岩经化学风化作用而产生的。数十年来，科学家一直尝试用上述这些物质合成核苷酸，却始终未能成功，直到 2009 年，英国化学家约翰·萨瑟兰（John Sutherland）与同事们终于在早期地球模拟环境中合成了两种核苷酸。

最后，生命体中还有脂类分子，它们是构成细胞膜的成分。与蛋白质、DNA 一样，脂类也是由更为简单的分子构成的，这些成链条状的简单小分子叫作"脂肪酸"，它们亦可能是经由化学合成过程诞生于早期地球上的。极为有趣的是，如果你泼洒含有脂肪酸的水或使其蒸发，你会看到原本分散开来的脂肪酸自发地聚集在一起，形成许多微球状结构，而这一结构与细菌的细胞膜有诸多相似之处。

由此可见，构建生命的关键元素，即构成我们细胞的各种分子，在早期地球皆可自然形成，而满足其形成条件的地点即使不是无处不在，至少在局部是非常可能存在的。这里需要强调一下，上述结论并非仅仅以理论或实验为基础。我们知道，这类促成生命诞生的化学反应早在几十亿年前就发生了，其"证据"就藏在初生的太阳系留给我们的非凡馈赠——陨石里。前面我们介绍过，碳质球粒陨石为不断积聚增生过程中的地球带来了碳和水。然而，它们内部还包含极为多样的有机分子，包括氨基酸（有70种之多！）、糖、脂肪酸等等。可以想见，让生命从无到有的化学过程或许遍布宇宙的各个角落。

到目前为止，一切都还很好理解，但再往下讲，事情就没那么简单了。我们知道，氨基酸能合成短小的线性分子"多肽类"，它们就像"皮钦语"①，彼此混杂，构成一出蛋白质大戏。核苷酸也有类似的作用。在核苷酸分子中，功能与记忆似乎是同时发生的，但在生物体里，指导分子合成蛋白质的物质是DNA，而DNA的复制又离不开蛋白质。那么问题来了，到底是先有鸡还是先有蛋？先有的DNA还是先有的蛋白质呢？

答案也许是：地球上原始生物体内既没有DNA，也没有蛋白质。在我刚开始研究生物的20世纪70年代，同样由核苷酸构成的RNA（核糖核酸）被人们笼统地称为细胞的"助产士"。因为DNA转录后生成的RNA，会在细胞内一个极小的结构——核

———————

① 又称混杂语言，这种语言来自两个或两个以上没有共同语言的群体，是他们为了彼此沟通而发展出来的。

糖体中引导蛋白质的合成。然而，在此后的几十年里，人们发现了种类极为丰富、功能极为多样的 RNA 物质。RNA 与它的兄弟 DNA 一样储存着遗传信息，不过有些 RNA 的特性与酶相仿，在细胞中做着曾被认为只有蛋白质可以做的工作。此外人们还发现，小分子 RNA 对细胞内部的基因表达起着调控作用。随后，生物学家在探究核糖体分子时竟发现，RNA 恰恰位于核糖体发挥作用的中心地带。而近年来的实验结果显示，在实验室里合成的 RNA 分子还能有选择地演化，以发挥不同的作用。至此，人们已经发现，RNA 可以储存信息，具有与酶相同的功能，还会有选择地演化——这不禁让人们产生了一个大胆的猜想：或许，地球上最初能够繁衍、演化的生命体是由 RNA 构成的，而非 DNA 或蛋白质。

"RNA 世界"（RNA World）假说令许多研究生命起源的科学家着迷不已。被卷入自发形成的脂类球体中的早期 RNA（或类似 RNA）分子可以生长、繁殖，并逐渐演化为更加复杂而独特的分子。随后，RNA 中会适时衍生出 DNA，为细胞的遗传信息提供更为稳定的储藏宝库，但 DNA 也会因此失去其他功能特性。随着氨基酸与 DNA、RNA 发生相互作用，反应速度比 RNA 酶类快上许多的蛋白质会不断演化，担起维持细胞主要结构和功能的重任。有趣的是，近期的研究结果显示，构成 DNA 与 RNA 的模块可能形成于生命诞生之前，也就是说存在这种可能性，即所有现代活性细胞中 DNA 与 RNA 的优雅共舞现象，在生命构成初期便已存在了。

"RNA 世界"及与之相似的假说面临的最大挑战是，如何在原始生命综合体中合理地加入新陈代谢作用。或许，第一代生命只是一些简单的、由脂类化合物包裹的 RNA 分子，它们的生长、繁殖、演化并不需要与外界环境发生相互作用。这当然不无可能，而且，有不少科学家支持这个想法。可是，即便新陈代谢并非第一代生命产生的必要条件，但是从许多方面来看，新陈代谢都令生命变得有趣，它使得生物体与海洋、大气环境产生相互作用，并最终改变了生物体与环境本身。因此，一些科学家选择从另一扇门进入生命起源的迷宫，一扇以新陈代谢而非遗传信息为重心的研究大门。从这个角度入手的研究表明，新陈代谢最初始于海底洋脊中高能量的炽热海水周围区域。

"新陈代谢优先"（Metabolism-first）假说面对着与"RNA世界"假说相反的问题。该假说为生命与环境之间相互作用的产生提供了诸多极为有趣的线索。然而，当涉及 DNA、RNA 及蛋白质中的信息转化问题时，"新陈代谢优先"假说难免就有些"上帝创世说"的意味了，因为它确实无法给出科学合理的解释。所以说，生命起源的问题至今仍有待继续研究破解。不过我们明确知道的是，在最初的地球上，以某种方式诞生了一群能够自我复制、进行新陈代谢和不断演化的细胞，它们为后来地球的演化奠定了基础。（我能理解一些科学家为什么热衷于讨论"生物外来论"，这种假说认为，早期地球上的生命来自地球之外，以自然或外星生物"播种"的方式来到地球。也许，陨星撞击火星或其他某个星球时将微生物喷射到了太空，而这些微生物最终来到富饶的地球落户。至于早期太阳系中是否存在这样的"细菌培养器"，目前尚不可知。此外，生命由太阳系之外的某颗星球依自然规律或其他方式"播种"而来的可能性也极其渺小，一是因为星际穿越所需时间太长，二是因为能够落在适合这些微生物生长繁衍的环境里的概率很低。当然，即便我们选择相信这类说法，它们也无法真正解释生命起源的问题，只不过是在时空的维度里把问题从此处抛到彼处罢了。）

* * *

如果我们现在仍不能完全解释生命起源的方式，也许我们可以估想一下，生命是何时在地球扎根的，从而限定生命开始之初的地表特征。这样一来，生物问题就转化为地质问题了，不过，进行这方面探究的前提是，比动植物古老得多的微生物能够在岩石中留下可辨认的痕迹。那么，那些像细菌一样看起来既微小又脆弱的生物体，能否像帮我们判定年代较近的地球历史的恐龙与植物化石那样，留下一些记录着早期地球的痕迹呢？

许多年前，我还是一名年轻的古生物学者时，曾前往位于北极圈内的斯匹次卑尔根岛（Spitsbergen）寻找古老微生物存在过的痕迹。那里被冰川雕琢过的崖壁上赫然可见 8.5 亿—7.2 亿年前形成的沉积岩，厚度可达数千米（图 9）。这些沉积岩中既没有骨骼，也没有贝壳，断层面亦无迹可寻。实际上，在这些岩石形成的亿万年之后，那些可能成为化石的动物才在地球上出现。不过，如果你知道如何去看，你就会发现，生命的信号已被清晰

图9 位于斯匹次卑尔根冰川高地上的一片形成于8.5亿—7.2亿年前的沉积岩壁。这些岩石以及世界各地发现的类似岩石保存着当地丰富而完整的微生物群，这些微生物的诞生远远早于动植物的出现与演化。安德鲁·H.诺尔拍摄

地写在这些岩石上了。

我们先从燧石说起吧。燧石又称打火石，是质密坚硬的石英岩。如果你有机会去英格兰，可以去看一看英格兰东南部那些用燧石建造的教堂，墙面上皆是如鹅卵石一般闪亮的黑色石头——它们是中世纪建筑师所能找到的最坚硬的石头了。你

若想欣赏一下这些独特石头最初的样子，可以去英国多佛白崖（White Cliffs of Dover）走一遭。在那里，由白色粉状颗粒构成的崖壁上布满了黑色的燧石团块，它们是约 7 000 万年前于海底的石灰岩层中形成的。这些燧石团块之所以呈黑色，是因为其在形成过程中捕获了黑色的有机物质。从古生物学的角度来看，燧石的美就在于它能永久封存古生物物质，包括那些在岩层积聚时被埋藏其中的微小生物化石。

在斯匹次卑尔根岛上，被冰川侵蚀的山谷表面露出厚厚的石灰岩层，其中部分岩层中含有与多佛白崖上类似的黑色燧石结块（图 10）。若用显微镜观察，在如纸张一样薄的燧石切片里，你会发现一个完全石化了的微观世界，其中含有丰富又美丽的微小生物化石（图 11、图 12）。在这些化石中，有不少是能进行光合作用的蓝细菌。蓝细菌又称蓝藻，后面我们会讲到，它们在地球史上的地位和作用可谓举足轻重。另外一些化石则是微小的藻类与原生动物。此外，这些燧石中还有一些由浅海表面下沉积而来的泥岩，其中裹存着数量更多的微生物化石，它们被压在燧石层中，宛若旧时的情人节手捧花（图 13）。不止在那里，人们在世界各地相同时代的岩石里都发现了诸如此类的古老化石，它们向世人证明：在动物出现之前，地球早已充满生命之光 —— 那是一个以微生物为主要生命体的世界。

倘若能穿越回去，在斯匹次卑尔根岛的这些石灰岩壁形成之时沿着海岸漫步，你会看到一条似乎完整的青色海岸线，那些铺满潮汐带的青色其实就是蓝藻及其他微生物。继而向海面上探索，你看到的青色面积会更大，自海岸向海面呈放射状铺散开来。实际上，你看到的青色是叠层石——由古老海底的微生物群向上建筑而成的化石堡礁。今日地球上的堡礁多由动物骨骸借助藻类的架构作用而成，而远在为地球增色生辉的动物出现之前，那些青色堡礁便已形成，向世人诉说着微生物"建筑师"的故事。在斯匹次卑尔根岛的崖壁上，数米厚的穹状、柱状及锥形化石岩层清晰可见（图14）。我们可以有把握地解释它们的来历，因为直至今日，在地球上的某些角落仍有类似的叠层石在不断形成。这些地方的海底微生物是与动物及海藻隔绝的，在这样的环境里——正如早期地球上尚未出现动植物时那样，成片成片的微生物群得以将海里的沉积物截留、聚合并固定于此，经年累月，最终一层一层地建造出一座岩石大厦。

化学能帮我们揭开更多微生物的秘密，而我们在第一章中提到的同位素便是关键。之前我们讲过，碳是构成生命的主要元素，它有两种稳定的同位素，即碳-12和碳-13。碳同位素之所以能还原古老生物的传奇故事，是因为当光合自养生物将二氧化碳固定在有机分子中时，它们会优先选择质量更小的碳-12进行合成，而不会选择质量较重的碳-13。这并非生物体有意为之，而是因为在细胞中，质量较轻的二氧化碳分子更容易与酶发生反应。因此，在二氧化碳分子充裕的情况下，光合自养生物体内产生的有机物质含有的碳-12比该环境中非有机物质里的碳-12含量略高一些。虽然二者之间的差距仅有大概千分之几，但借助质谱仪，我们便能得到非常精准的测算结果。如果我们现在去巴哈马群岛测量岛

图 10

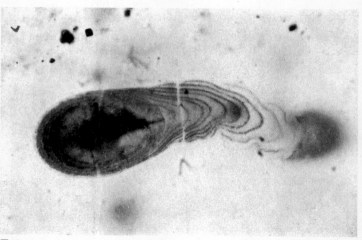

图 11

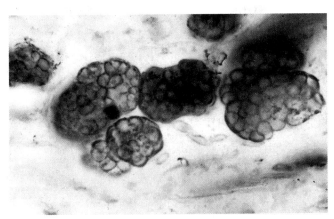

图 12

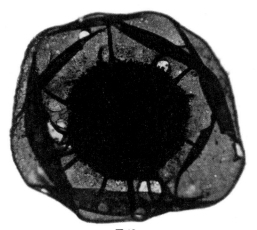

图 13

图 10—13 斯匹次卑尔根岛上石灰岩崖壁中绵延的黑色燧石结块（图 10）。这些结块中富含多种多样的蓝藻化石（图 11、图 12）及其他微生物。崖壁中的泥岩中封存着单细胞真核微生物的美丽化石（图 13）。安德鲁·H.诺尔拍摄

图14 微生物化石叠层石。微生物群将细密的沉积物裹住形成了这些片层结构。这些微生物群先是占领了坚固的岩石表面,随后与不断增加的沉积物共生于此,图片中清晰可见的叠层石记录了它们的生长与壮大。图中右侧柱状叠层石的宽度约为2英寸(5厘米)。安德鲁·H.诺尔拍摄

上石灰岩及有机物质中碳同位素的构成情况，我们会发现，那里的石灰岩与有机物中的碳含量相差千分之二十五。而在斯匹次卑尔根岛，我们也会得到近似的测量结果。这些结果表明，生物的碳循环作用在 8.5 亿—7.2 亿年前就已经发生了。同样，通过测算黄铁矿与石膏中的硫同位素，我们就能还原微生物对硫循环的历史影响。

最后要说的一点是：年代久远的岩石中有时会含有生物分子。这些生物分子是那些古老的生物死亡后被封存于岩石中的记录。能够探寻到岩石中的 DNA 与蛋白质物质可谓最理想的结果，不过，遇到极为古老的石头时，我们的愿望总无法实现。近十年来，科学家对古老 DNA 的发现与研究有了非常可观的突破，但时至今日，人类从骨骼或贝壳中提取到的最为古老的 DNA 物质也仍不足 200 万岁。蛋白质的情况也与之近似。作为细菌与菌类生物的绝佳食物，蛋白质鲜见于比较古老的岩石之中，但作为细胞膜中坚固组分的脂类化合物则可以被保存下来。我很喜欢逗我的学生们，常对他们说，他们死后唯一能留给后代研究的东西就是体内的脂类组分！我们尚未在斯匹次卑尔根岛上的岩石中发现太多生物化石，不过其他地区同年代的岩石中确实保存着不同微生物群的生物分子信息。总而言之，微生物在沉积岩中留下印迹的方式多种多样，在那些位于斯匹次卑尔根岛等地的 7.2 亿—8.5 亿岁的岩石中，留存着丰富的微生物化石信息。

那么，有关生命的记录，我们最早可追溯至何时呢？我研究了澳大利亚和西伯利亚 15 亿—16 亿岁的古老石头，与斯匹次卑尔根岛的岩石一样（尽管年纪是其一倍），它们也含有微生物化石、叠层石、生物标志物①分子，以及微生物对碳与硫循环的同位素记录。后来，我来到遥远的非洲南部及澳大利亚西部，在最古老的岩石脚下，在 33 亿—35 亿岁（年纪又翻倍了）的岩壁上探寻生命的迹象。这些形成于地球早期并得以幸存至今的岩石主要由火山熔岩流及火山灰构成，但其中还夹杂着其他沉积物，它们的存在使我们能够探索更加久远的生命历史。在富含燧石的岩石中发现微生物化石的诸多报道引起过不少争议，因为这种简单的有机微观结构也许形成于后期渗入沉积岩的热液中。此外，这些岩石在经历了沉积埋藏与构造变形引起的高温作用后，当时可能存在的生物分子信息大概率已被破坏而难以留存至今。不过，对碳、硫同位素的测定结果显示，早期地球上已出现了大量微生物。此外，叠层石也记录了浅海处丰富的微生物种群的存在（图 15）。

如此说来，35 亿年前的地球已是一颗有生命的星球。还有一些研究结果显示，生命起源的时间更为久远。位于格陵兰岛西南峡湾之间的沿海岩石中藏着最为罕见的东西——形成于 38 亿年前的火成岩和沉积岩。由于受到变质作用的影响，这些石头中原本封存的有机物质在热力与压力的作用下逐渐变成石墨。然而，这些石墨中的碳同位素与较年轻的岩石中有机物的碳同位素极为相似，我们能够据此推测，生物碳循环作用在那时已经存

---

① 可以标记系统、器官、组织、细胞及亚细胞结构或功能的改变或可能发生改变的生化指标。

图 15 位于澳大利亚西部的沉积岩叠层，形成于 34.5 亿年前。结合碳、硫同位素的测定，这些叠层结构证实了早期地球上微生物的存在。图中标尺长 6 英寸（约 15 厘米）。安德鲁·H. 诺尔拍摄

在。此外，我们在第一章中提到，在澳大利亚杰克山岩层内 41 亿岁的锆石中发现了微量的石墨，而其具有极低的碳-13 比值[①]。我们无法排除这最古老的碳元素形成于地球内部深处并嵌在锆石晶体之中的可能性，但这不会改变大面上的事实。当我们再继续追溯时，就没有更古老的石头供我们研究更早生命的印迹了。总之，地球在它漫长历史中的大部分时候，都是与生命共存的。

---

① 有机物中的碳-13 与碳-12 的比值要低于无机物，这块锆石内石墨的碳-13 比值位于有机碳的范围内，因此它有可能是生物的遗迹。——编者注

* * *

或许早在 40 亿年前，地球上便开出了生命之花，那么，我们能够通过地质学了解当时地球上的哪些情况呢？人类已经证实，早期地球被海水覆盖，火山及小型大陆立于海浪之上。在生命出现前的地球上，到处都是催生各种化学反应的能量：地球表面被紫外线不断炙烤，而放射性同位素的衰变提供了额外的能量辐射；火山与热液系统无所不在；闪电如刀剑一般划过早期地球大气。同今日一样，那时也存在热泉〔老忠实间歇泉（Old Faithful）就属于热泉〕和洋中脊之类温度较高的地方，不过最新数据显示，当时海水和大气的温度与今天并无太大差别。

这本身就是个谜题，因为恒星演化模型表明，40 亿年前，太阳的光度仅为现在的 70% 左右。那么，若当时太阳是相对暗淡的，早期的地球为何不是一个"冰球"呢？原因就在于"温室气体"——这个 21 世纪全球变暖的罪魁祸首，却也是长久以来地球气候适合生物存活的保证。在当时的大气里，一些气体的含量比现在要高，尤其是二氧化碳，浓度肯定是现在的百余倍，才能确保早期地球温度足以使表层的水以液态形式存在，确保地球不至于变成"冰球"。早期大气似乎主要由氮气和二氧化碳气体组成，此外还有水蒸气及不定量的氢气。正如我们在第一章里提到的，古老沉积岩的化学研究结果表明，当时地球上显然没有氧气。对生命起源来说，这无疑是个好消息，因为千万次实验证明，在有氧环境下，促使生命出现的化学反应都无法实现。

可以说，生命出现时的地球几乎完全不是我们现在认识的样子：它有大片大片的水，却没有多少陆地；有大量的二氧化碳气体，却鲜有或没有氧气；局部冒出氢气及其他气体，遍地都是热泉——就像一个放大版的冰岛。它是锻造生命的铁砧，倘若你要去那里（别忘了自备氧气），你也许不会注意到脚下的世界在发生怎样的变化。尽管起步阶段的生命如此不起眼，但后来，它的数量和种类持续多样化，为地球带来了细菌、硅藻、红杉，还有人类，并不断改变着地表的样子，至今未曾停下脚步。

地质年代表

"地质学与其他以观测为基础的自然学科一样，我们通过观察发现，地球上各个大陆的位置关系皆为自然形成，且它们的位置变化有序可循。"英国地质学家亚当·塞奇威克（Adam Sedgwick）这番话无疑概括了19世纪地球科学的巨变：人们认识到地球拥有极为悠久的历史，并编制出了地质年代表。1835年，塞奇威克在威尔士发现一片沉积岩层并将其定为寒武系（Cambrian System）地层，随后不久，英国地质学家麦奇生爵士（Sir Roderick Impey Murchison）又在该岩层之上发现了明显不同于寒武系的岩层，并确认其为志留系（Silurian System）地层。在之后的几十年里，人们又确认了很多地层系，并依据它们之间的关系将所有地层系汇总形成了一个地质年代表。因志留系地层总在寒武系地层之上，因此前者年龄要小于后者；同理，泥盆系地层年龄更小。这些地层系形成的时间段则被称为"纪"，而化石便是地球的"时间记录者"。在这些科学家的努力下，我们终于有了地质年代表，或者至少是我们现在所说的"显生宙"（Phanerozoic Eon，即看得见生物的年代）的年代表。

20世纪早期，年代较近的地层中所记录的事件的相对时间序列也很好地建立了起来。然而，地质学家在确信新生代哺乳动物的出现晚于中生代恐龙的同时，却并不知晓这些年代及其对应的地层系的具体年龄。放射性元素的发现彻底改变了这一切。前面我们讲到了同位素，也就是质子数相同、中子数不同的同一元素的不同原子。碳有两种稳定的同位素，即碳-12 和碳-13，但它其实还有第三个同位素 —— 具有放射性的碳-14。碳-14 的原子核很不稳定，随着时间的推移，碳-14会通过释放电子（说得再具体一些就是"电反中微子"，感兴趣的朋友可以深入了解）而衰变为氮。我们可以测算其衰变的速度：碳-14 的半衰期 —— 拿一块木头来说，就是该木块中一半的碳-14 衰变为氮所用的时间 —— 为 5730 ± 40 年。通过这样的方式，碳-14 为我们校准地质年代提供了有力基础。

碳-14 是测定考古样本的好帮手，但由于它的半衰期相对较短，它仍不足以胜任对如此悠久绵长的地球史的测定，这个任务只能交给其他放射性同位素了，尤其是铀的同位素。在第一章里，我们讲了花岗岩及其他火成岩中随处可见的锆石，它们对年代的测定尤为有用，能够帮助地质学家校准悠长的地球史。经过大量刻苦而细致的野外及实验室研究，地质学家终于完成了对地质时代的量化。现在，我们不仅知道霸王龙生活在白垩纪晚期，还了解到它们在远古森林中留下重重足迹的时间段为 6 800 万至 6 600 万年前。放射性定年法也是建立显生宙之前地球年代表的关键。图 16 是 2020 年版的地质年代表。校准地质年代是一个持续的过程，现在仍有诸多详细信息有待补充。该表不仅展现了经过精确年代标定的、化石样本丰富的显生宙，更表明显生宙不过占整个地球史的 13%。而真正占据地球史大部分时间的是难以考证的冥古宙（Hadean Eon，45.4 亿—40 亿年前）、太古宙（Archean Eon，40 亿—25 亿年前）及悠长的元古宙（Proterozoic Eon，25 亿—5.41 亿年前）。此刻我们不妨花一些时间去欣赏这张地质年代表，因为在接下来的几章中，我们会经常提到这些定义地质时期的宙、代、纪，就像历史学家们常把"铁器时代""中世纪"或"文艺复兴"挂在嘴边一样。

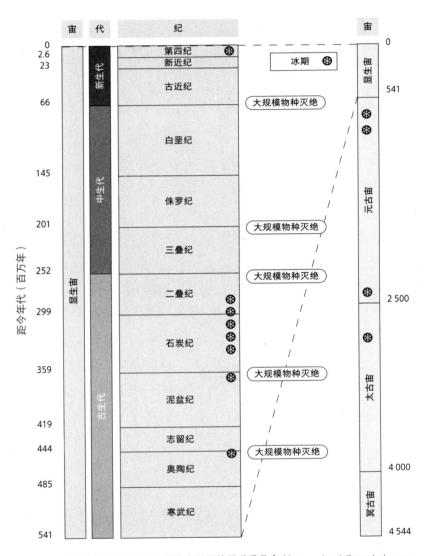

图 16　地质年代表。图中年代参考国际地层学委员会（International Commission on Stratigraphy）绘制的地层年代表（2020 版）。

第四章

氧气改变地球

空气的形成

曾经的大气层里没有氧气？没错，现在的地球和早期地球最基本的差别恐怕就在于此。不过，我们怎么确定这个说法的正确性呢？我们怎么确定今日的地球与往日极为不同呢？地球已然成为一个生物宜居星球，这里有食蚁兽，有大象，还有我们人类，但它到底经历了怎样的演变呢？现存最古老的大气样本非南极冰层里封存的空气气泡莫属，然而它们仅仅来自 200 万年前，年龄并不算大。所以说，要想探求更古老的大气和海洋的故事，我们还是得从岩石里的化学印迹中寻找线索。就像我们通过尼安德特人（Neanderthal）留下的手工艺品探寻其文化那样，我们也可以通过古老的岩石和矿石形成时记录下的有关大气和水的信息，一点一点拼凑出早期大气的样貌。

从戴尔斯峡谷（Dales Gorge）开始探索是个不错的选择。位于澳大利亚西北部荒芜平原上的戴尔斯峡谷形状狭长，其表可见厚厚的沉积岩层，它们已有大约 25 亿岁高龄（图 17）。这些岩层本身即是奇观，因为燧石与铁矿石竟均匀地成层状分布组合在一起，因蚀化的铁和遍布澳大利亚内陆的红土而呈红褐色。这些红色层状岩石有个非常恰当的名称 ——"含铁建造"（iron

图17 位于澳大利亚西北部的戴尔斯峡谷，其表可见 25 亿岁的层状含铁建造。安德鲁·H.诺尔拍摄

formation）。如果你家厨房里用的是铸铁锅，那么它十有八九是用这类石头做的。

　　显然，含铁建造不可能形成于现代海底，因为它们的形成有赖于铁元素大量溶解于海水中，而这只在海水中没有氧气时才会发生。即便是极少量的氧气也会与溶于水的铁元素发生反应，生成氧化铁；在如今的海洋中，铁元素的浓度非常低。因此，含铁建造无疑标志着早期地球的海洋里并没有氧气。此外，由于海洋表层海水会与大气发生气体交换，我们可以推断，当时这片无氧海洋之上的空气里，氧气同样非常稀薄。

　　含铁建造广泛分布在形成于 24 亿年或更早以前的沉积盆地中，而在这个时间点之后，它们的数量明显减少，这意味着此后的地球大气中开始有氧气存在了。除了含铁建造外，还有一些东西可以验证这一结论——譬如黄铁矿。这种大多数人最常在博物馆或石头铺子里见到的金色石块，看上去很像金子，其实并不值钱，常被人称为"愚人的金子"。不过，也别小看了它们，这些不值钱的"金子"能为我们讲述氧气的故事。黄铁矿常见于古老的泥岩和一些火成岩层中，它对氧气极为敏感。在潮湿、氧气充足的环境中，黄铁矿会氧化为石膏中常见的硫酸盐。该氧化过程通常需要几年、几十年就能完成，因此，尽管我们总能见到陆地岩层中有黄铁矿不断地被剥蚀出来，但基本上不会在沿海沙粒中见到它们；因为从古老岩层中剥离出来的黄铁矿会迅速与氧气发生化学反应，从而消失不见。

　　这似乎算不上什么地质学上的大事，但当我们仔细观察那些于 24 亿年前沿海岸线沉积形成的砂岩时，会发现许多黄铁矿颗粒，它们曾从陆地山体剥落，最终被河水裹挟着来到海边沉积下来——它们全都没有与哪怕一丁点儿氧气发生氧化作用，而在年龄小于 24 亿岁的沉积岩层中，几乎没有这样的沉积黄铁矿颗粒。不光是黄铁矿，其他易与氧气发生氧化作用的矿物质也是同样的情况。

　　古老地表风化层巩固了地球曾于 24 亿年前发生巨大改变的结论。暴露于空气中的岩层历经雨打日晒，逐渐被风化，最终在表层生出蚀变矿物层——它们将会成为土壤的一部分。这时候又轮到铁出场了。前面提到过，当含铁的矿物质在无氧的空气和水中风化后，铁元素会以溶液的形式随雨水、河水流走。在这些情况下，相对于原始岩层，被风化后的表层岩石的含铁量便会大大减少。而在空气中有氧气的情况下，经风化作用流出的铁元素会迅速与氧结合，生成相对稳定的氧化铁矿物，停留在表层岩石上并且不会被雨水等带走。要不要猜猜看，古老风化岩层是何时与氧气发生"第一次亲密接触"的？把赌注压在24亿年前就对了。

最后，古老黄铁矿和石膏中硫的同位素信息也表明，在24亿年前的大气中，曾发生过一些对于硫循环极为重要的化学反应，而它们恰恰在24亿年前那个时间节点之后戛然而止了。科学家通过化学模型得到的结果是，只有当大气中氧气含量极低——低于今天大气氧含量的十万分之一——的时候，硫的同位素信号才会有上述表现。

* * *

如此说来，在20多亿年的时间里，差不多是地球的"前半辈子"时，大气与海洋中基本没有氧气，因此你我这般有机体是不可能诞生和存在的。说到这里，又有两个新的问题冒出来了。前面我们已经证实，地球上开出"生命之花"的时间是在35亿年或更久以前。那么，究竟是什么样的生物能在如此缺氧的地球上繁衍生息呢？另外一个同样重要的问题是：为什么维持了20多亿年之久的地表状态会在24亿年前发生改变？

无氧环境下的生命如何生存这个问题其实并不难解，因为现在的地球上仍有无氧的地方，而且生机盎然。生命究竟是如何在（对我们人类而言）冷峻、险恶的环境中顽强地存活下来的呢？在我们所熟悉的宏观世界里，植物通过光合作用获取能量与碳，借助光能将二氧化碳转化为糖，并在此过程中释放氧气。简单来说，光合作用的化学方程式可以表示为：

$$CO_2 + H_2O \rightarrow CH_2O + O_2$$

而动物则刚好相反，它们将食物中的有机分子摄入体内，通过有机分子与氧气的化学反应来获取能量——我们称之为呼吸作用（植物同样也会进行呼吸作用）：

$$CH_2O + O_2 \rightarrow CO_2 + H_2O$$

光合作用与呼吸作用相辅相成、互为补充。于是就有了有机物与环境间无数次的碳-氧循环过程，生命也因此穿越时间长河，延绵不息。

倘若擦亮显微镜仔细观察，你会发现许多微生物也在做同样的事情——藻类通过光合作用产生有机碳与氧气；与此同时，真菌、原生动物及藻类进行呼吸作用，消耗氧气，并将碳元素以二氧化碳的形式排出。没错，一些细菌也会通过这些方式完成碳循环。

　　二氧化碳转化为糖需要的电子，是植物与藻类从水中提取的，并在转化的过程中产生氧气。这需要消耗很多能量，不过，在氧气充足的环境里，它是不可替代的。然而，当只有光而没有氧气时，电子就可以从其他来源获得，譬如氢气、有着臭鸡蛋味的硫化氢，还有溶解状态的铁离子。这样的环境无疑是光合细菌的天下。它们从水以外的其他来源汲取光合作用所需的电子，并且不会制造氧气。这些细菌通常呈淡紫色或深绿色，这是由其自身的光合活性色素决定的，要是在某个死水塘里看见它们，你定会为那淡紫色或深绿色的奇观而惊叹（图18）。

　　如果说光合细菌可以在不产生氧气的前提下，将二氧化碳转化为糖，那么其他细胞在完成碳循环时，是否能够在无氧环境下进行呼吸作用呢？细菌多种多样的新陈代谢方式再一次成为问题的关键。我们人类是利用氧气来分解有机分子的，而一些细菌则是利用诸如硫酸根离子（SO_4^{2-}）、氧化铁（Fe^{3+}）等化合物完成呼吸作用的。也就是说，就像动物利用由植物产生的氧气，将摄入体内的有机分子转化为二氧化碳那样，在无氧情况下，那些细菌所需的养料则来自光合细菌从硫化氢、溶解铁等同类物质中获取电子时释放的分子。可见，在有阳光但无氧气的环境里，碳循环无疑与铁、硫的循环息息相关。在早期地球上的江河湖海中，氧气极为匮乏，碳循环的完成有赖于水中铁元素的生物循环，也许那才算是地球上第一个"铁器时代"（Iron Age）。

　　细菌及古菌（我们在上一章中提到过，它们是细菌的小兄弟）还有着其他完成新陈代谢的好法子。有些细菌利用化学反

图 18 现代地球上的无氧栖息地随处可见。图中我们看到的是位于加勒比海的特克斯和凯科斯群岛（Turks and Caicos Islands）上的一块微生物群。看上去呈黑色的纤维状表层（即图中上面箭头位置之上的部分）展现的其实是蓝细菌的深绿色，该部分暴露于空气之中，因此不愁没有氧气。在表层之下（即位于两个箭头之间的部分），尽管仍有光照透入，但氧气已经无法进入，因此这层聚集的都是相对明亮的紫色光合细菌。这类细菌会摄取硫化氢中的电子，但不会产生氧气。在这一层及其之下的每一层里，有氧呼吸都是不可能的事；一些微生物利用硫酸盐或其他离子完成呼吸作用，另一些微生物则会使有机分子产生发酵作用。安德鲁·H.诺尔拍摄

应中产生的能量固定碳，因而不再有对光照的需求。而另一些细菌则通过将有机分子分解为简单化合物来汲取少量能量，该过程就是我们熟悉的"发酵"。其实你自身也具有发酵能力：当你运动时，肌肉中的氧气耗尽后，便开始利用发酵作用来获取能量，而在这个过程中，身体会产生乳酸，这也是为什么剧烈运动时会有灼烧般的痛感。虽然我们可以通过无氧发酵有机分子来获取暂时的能量，但这并非人类赖以生存的方式。实际上，除细菌和古菌外，仅有极少的细胞精通发酵这种方式。"发酵

界"的王者无疑是酵母菌，它们拥有将粮食和葡萄化为美酒的神奇魔力。

由此可见，关于生命是如何在一个无氧星球上延续几十亿年的问题，今天的微生物已经向我们展示了答案。在早期地球上，多种多样的细菌与古菌寄居于陆地上、海洋中，肩负着碳、铁、硫及其他元素的循环重任。因此，那些需要氧气来参与代谢的藻类、原生动物、菌类、植物及动物等更为复杂的生物，要一直到氧气成为地表的长久住客之后，才会迎来革命性的登台亮相。

* * *

那么，24 亿年前，我们这颗星球为何会发生如此巨变呢？关于氧气积聚的时间，地质学家们已有一致的结论，至于其原因，目前尚无定论。容我从我自己的角度来总结一下现在已知的几条线索，也许别人另有他解。

至少有两点，大家已经达成了共识。第一点是，我们所呼吸的氧气有赖于生命体而存在。为地球大气供氧的唯一途径就是生物的产氧光合作用——其间，水提供电子，氧气则是其副产品。大氧化事件（Great Oxygenation Event，GOE）是极具革命性的事件，而当时唯一有能力制造氧气的蓝细菌便是这场革命的大英雄。有了这些作为前提，我们不难产生一种简单的推测：蓝细菌直接导致了大氧化事件的发生。这的确够简单，然而，地质与生态观测的结果显示，真实情况要复杂得多。

事实上，科学家在年龄超过 24 亿岁的沉积岩中发现的一些化学成分表明，在基本上"无氧"的地球上曾有过短暂的产氧过程。一些记录了 24 亿年前显著环境变化的化学信息同样显示，"巨变"以前的地球上也曾有过氧气的出现，但该过程的发生具有局限性、区域性、短暂性。尽管反对者大有人在，但支持在 24 亿年前的地球上曾出现过"些许氧气"的证据越来越多，而它们中哪怕只有一个能立住脚，也足够说明，产氧光合作用的出现一定早于大氧化事件数亿年。由分子生物学得到的推论同样表明，能够制造氧气的蓝细菌起源的时间，远远早于它们主宰光照生态系统的时间。

生态学可以帮助我们理解这些地质学数据。前面我们提到过，在含有溶解状态的铁、硫化氢及其他可提供电子的物质的现代光照环境中，蓝细菌的日子其实并不好过。事实上，在早期海洋中，相较于光合细菌，蓝细菌亦常处于竞争劣势。那么，蓝细菌后来是如何在偏爱光合细菌的环境里占据上风的呢？要想搞清其中缘由，我们需要跳出生物学的范畴，去考虑地球本身的特性。

这就不得不说到第二点共识：蓝细菌能够进行光合作用这一事实本身并不足以促成整个地球的改变。只有当蓝细菌制造氧气的速度大于氧气在物理及生物过程中的消耗速度时，大气和海洋中的氧气才会积聚起来。

关于蓝细菌的起源时间远早于大气与浅海中氧气永久积聚起来的时间这个问题，目前有两种解释。其一是，早期海洋中还原性的气体和离子更喜欢光合细菌，而不是蓝细菌；其二是，当时光合作用的速度太慢了，早期蓝细菌排出的氧气很快就会被火山气体及矿物的风化消耗掉。我认为，这两种解释都是正确的。

在当今的地球上，光合作用的速度并非取决于光照、二氧化碳或水，而是取决于营养物质，尤其是磷元素和氮元素，前者存在于 DNA、细胞膜以及有"细胞能量货币"之称的三磷酸腺苷（ATP）中，后者则是合成 DNA 与蛋白质的必需原料。一些细菌与古菌能将氮转化为可被生物体利用的分子——就像闪电那样（不过闪电能转化的体量非常有限），这让我们很难在今天去追溯氮的循环痕迹。因此，我们将重点来看看磷元素，通过它去理解早期生物圈究竟是个什么样子。磷元素从暴露于空气中的岩石中剥蚀出来后，会随河水汇入大海。之后，光合生物会将其吸收并合成一些生物分子；其他生物则从食物中获取磷元素，以食物链的方式完成磷元素在生物之间的传递。最终，大部分磷元素会随着纷落如雨的有机颗粒从浅海沉降至海底。海底沉积物中的细菌会将大部分磷元素分解出来，深海洋流又会将其带回浅海及海面，再次开启其参与光合作用的新旅程。

在早期地球上，因为暴露于海面的岩石体积有限，从陆地上剥蚀流至海洋中的磷元素也很少。与此同时，由于当时深海洋流循环效率较低，能够重返浅海及海面的磷元素也十分有限。包括我的实验室在内的许多实验室都曾利用化学基本原理估算过，在早期海洋中，大概有多少磷元素可供给光合微生物，我们的估算结果都是"没有多少"。实际上，养分供应极大程度地约束了早期地球上的生命活动，那时，无论蓝细菌还是其他细菌的光合作用都十分有限，远未达到能够改变整个地球的水平。

随着地球逐渐进入成熟期，一些规模较大、形状较稳定的大陆浮出了水面，这就增加了磷元素剥蚀入海的可能性。当磷元素的供给量超过其他参与光合作用的电子总量时，蓝细菌的生态重要性终于得以体现。事实也的确如此：从那时起，蓝细菌为整个世界带来了彻底的改变。蓝细菌所产生的氧气在有光照的海水中被其他电子捕获，于是，整个生物圈开始走向产氧光合作用与富氧空气的常态。由于蓝细菌所产生的有机物质基本都被埋入到海底沉积岩内，再也无法参与有氧呼吸作用，地球氧气积聚引擎就此启动。从此，地球也再没走过回头路。

如此说来，大氧化事件并不仅仅源于地球不断发生的物理变化，亦非生物演化革新的独立成果。正是地球与生命的相互作用导致了地球表面的改变。

* * *

那么，大氧化事件过程中及之后的一段时间里，地球上到底积聚了多少氧气呢？氧气的大量积聚又带来了哪些结果呢？对科学家来说，量化当时的氧气水平仍是个不小的挑战，但几项观测结果指向的答案还是那句话——"没有多少"。对沉积岩的化学分析显示，在大氧化事件之后的差不多20亿年的时间里，地球上的海洋看上去就好似现在的黑海：氧气都在表层海水中，而海底几乎没有氧气。尽管一些数据显示，在大氧化事件过程中，地球的氧气含量曾经历暴涨，但在大约 18 亿年前，大气和表层海洋中的氧气占比已经回落至现在的 1% 左右 —— 这个量倒是足够供阿米巴虫生存，但实在是连一只甲壳虫都养不活。[大约 19 亿年前，全世界范围内的含铁建造都恢复了短暂的增长期，这或许反映了当时地幔中的热液突然被大量释放至海洋，采自明尼苏达州梅萨比岭（Mesabi Range）的铁矿便是例证。]

然而，即使含量不多，氧气仍为地球生命提供了新的可能性。在蓝细菌的推动下，地球的生态系统愈发高产，也愈发充满活力。（与无氧呼吸作用及发酵作用相比，有氧气参与的呼吸作用制造出的能量更多。）倘若你能穿越回那个充满挑战的有氧新世界，戴着氧气面罩，拿着显微镜观察，你定会发现一些此前不曾有过的新生命。在生命的历史进程过半之时，一种崭新的细胞出现了。

真核生物是 DNA 储存于细胞核内的生物。你就是真核生物，黄松、海藻、蘑菇以及阿米巴虫、硅藻等单细胞生物都是真核生物 —— 所有真核生物加起来可能有一千万种之多。虽说真核生物是通过细胞核来定义的，但其他细胞结构在其演化历史与生态学意义上亦扮演着重要角色。其中尤为重要的一点是，真核生物与细菌不同，它们有着动态的内部系统，拥有不断发展变化的分子结构和细胞膜，这使得真核细胞能够越长越大，同时也能演化出多种形状。真核生物独特的内部系统还赋予了它们独特的生存方式，即通过吞咽较小的食物颗粒（包括其他细胞）来进食，这可是细菌所不能的。如此，真核细胞通过捕食为生态系统带来了新的复杂性。我们在下一章还会讲到，细胞之间全新的交流方式为复杂多细胞生物的诞生创造了条件。

在真核细胞中，呼吸作用与光合作用都发生在一些叫作"细胞器"的微型结构里，具体来说就是：呼吸作用发生在线粒体中，光合作用发生在叶绿体中。这些细胞器看上去有些像细菌细胞，就拿叶绿体来说吧，它的内膜与蓝细菌的细胞膜颇为相似。一百多年前，俄国植物学家康斯坦丁·梅列施科夫斯基（Konstantin Mereschkowski）就认为，这些相似绝非偶然。此前曾有科学家发现，珊瑚的组织中含有藻类生物。梅列施科夫斯基据此推断，叶绿体曾是自由自在的蓝细菌，它们被早期原生生物吞食，最终被迫成为新陈代谢的"奴隶"。他的观点没有被嘲笑，而是被遗忘了——这是科学界里常有的事。然而，这一次，梅列施科夫斯基的判断是对的。随着分子生物学时代的到来，科学家可以借助新手段来验证梅列施科夫斯基的假设。我们知道，叶绿体中含有少量DNA，而对其中带有遗传信息的DNA片段——基因——的分析研究表明，在"生命之树"中，叶绿体果真"栖于"蓝细菌这一枝。随后进一步的研究发现，线粒体同样由细菌演化而来。越来越多的证据显示，真核细胞似乎是古菌细胞与能进行有氧呼吸的细菌之间共生关系的产物。近来，科学家发现，一些古菌内部的确含有与组织真核细胞内部结构的分子极为相似的分子。也就是说，我们都是进化而来的嵌合体，而植物还有个我们没有的好伙伴——叶绿体，也正是它将蓝细菌拥有的造氧功能带到了我们身边。

让我们从环境角度来看看这个生物演化过程吧。大多数真核生物的呼吸作用需要消耗氧气，而那些不消耗氧气的真核生物亦是由耗氧祖先演化而来的。而且，在无氧环境中生活的真核生物几乎都离不开在有氧条件下才能形成的生物分子，它们所需的食物即源自富氧环境。所以，从这个重要角度来看，真核生物是大氧化事件的孩子。

果然，我们在 16 亿—18 亿岁的沉积岩中陆续发现了一些真核细胞化石。这些"年纪相仿"的岩石分别位于澳大利亚、中国、美国蒙大拿州以及西伯利亚，它们都含有不错的微生物化石多样性，这些化石保存了今天的真核生物体内才会有的细胞壁结构和复杂形态。一些细胞具有臂状延伸结构，这或许能便于它们吸收溶解的有机分子，就像如今的菌类那样（图 19）。另一些则具有厚实的圆盘状细胞壁，这使得它们能够在外部环境不利于生长时保持休眠状态（图 20）。还有少数细胞实现了简单的多细胞体状态，其多层细胞结构肉眼可见（图 21）。可以想见，当时的地球上正在酝酿一场全新的生物革命，不过我们也要记住，新出现的真核生物并不会取代细菌和古菌自生命降临以来在地球上的主导地位。真核生物嵌入到微生物生态系统中，其生存依赖于微生物的新陈代谢。直至今日，生物圈中的每吨动物仍需要 30 吨的细菌和古菌来提供营养。

在其后 10 亿年间留存下来的化石中，我们又发现了更多种

图 19—21 早期真核生物化石。图 19 中的单细胞化石发现于澳大利亚北部 14 亿—15 亿岁的岩层中，该细胞具有臂状延伸结构，其作用或许是吸收有机分子以进食；图 20 中的细胞化石同样发现于澳大利亚 14 亿—15 亿岁的岩层中，该细胞具有厚实的圆盘状细胞壁，以此保护自己免受不利环境的影响，以及免于被其他生物捕食；图 21 中的细胞化石发现于中国约 16 亿岁的岩层中，该细胞是已知现存最古老的多细胞体之一。图 20 中的黑色横线长度对于图 19、图 20 而言相当于 50 微米，对于图 21 而言相当于 5 毫米。图 19、图 20 由安德鲁·H. 诺尔拍摄；图 21 由南京地质古生物研究所朱茂炎提供

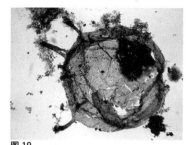

图 19

50 µm

图 20

图 21

类的真核生物，其中包括起源于早期原生生物与蓝细菌共生关系的一种藻类、有花瓶状细胞壁或鳞甲包裹御敌的细胞，以及日趋多样的简单多细胞结构的生物体（图22、图23）。

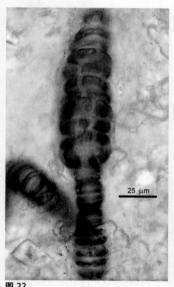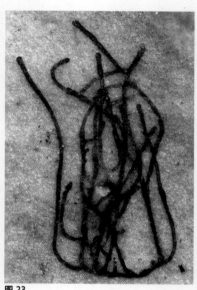

25 μm

图22 **图23**

图22、图23 大量化石样本表明，多种真核生物曾繁盛于动物出现之前。图中是已知现存最古老的红藻（图22）与绿藻（图23），分别发现于加拿大北极地区与中国境内10亿岁的古老岩石中。图22中的黑色横线长度对于图22而言相当于25微米，对于图23而言相当于225微米。图22由剑桥大学尼古拉斯·巴特菲尔德（Nicholas Butterfield）提供；图23由弗吉尼亚理工大学肖书海（Shuhai Xiao）提供

　　如此这般氧气含量低、由微生物主宰的地球持续了亿万年之久，然而，在元古宙晚期海洋里的简单多细胞生物中，正在酝酿着另一场生物演化革命。在一次全球大冰期之后形成的元古宙末期岩石中，人们发现了大型复杂生物的化石。在生命出现30多亿年后，地球终于要迎接动物时代的到来了。

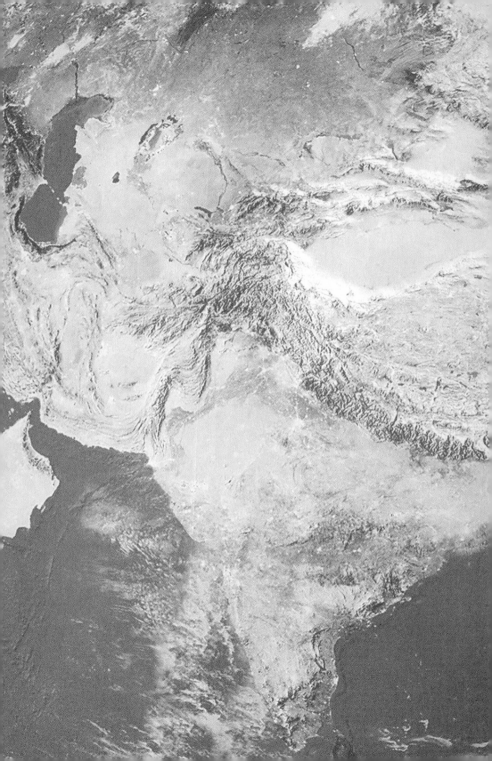

第五章

动物改变地球

生命开始长大

对一个古生物学家来说，在一个阳光明媚的下午走访米斯塔肯角（Mistaken Point，又译"误导点"）是件乐事。位于纽芬兰岛东南岩岸的米斯塔肯角已被联合国教科文组织列为世界遗产，在那里，常见的天气状况是雾气弥漫或大雨倾盆。但是，倘若你去到那里时刚好赶上一个晴朗的下午，你就永远不会忘记眼前的景象：低斜的阳光洒向米斯塔肯角的岩壁，古老的岩表如浮雕般跃然眼前。

5.65亿年前，泥质沉积物与火山灰一层又一层地铺在海底，形成了今日米斯塔肯角的奇观。造就这里独特性的显著特点有三个。第一，这里阶梯状的海崖是广泛暴露的古老沉积岩层表面，它们在快速沉积埋藏中被保存下来，走在这里基本等于走在古老的海底。第二，这里的火山灰层非常多，这无疑为具体岩层的年代测定提供了有利条件。第三个也是最突出的特点，是那些留在岩层表面上的印记：一旦把眼睛凑近，你便会看到成千上万奇形怪状的神奇生物化石，这些看上去十分陌生的生命形态被火山灰活埋于它们曾经的栖息地——宛若一座古生物学界的庞贝古城（图24）。其中一些化石中的生物形似蕨叶，另一些则为扇形。其

图 24 发现于纽芬兰米斯塔肯角 5.65 亿岁沉积岩层中的早期动物化石。图中标尺单位长度为 1 厘米。图片由女王大学（Queen's University）盖伊·纳伯恩（Guy Narbonne）提供

中少部分生物体体形细长，有些像野鸡尾部的羽毛。许多生物是挺立于海底的，其球根状的底部牢牢固定在沉积物中，身体则随着水流摇摆。另一些生物体的身体则在沉积物表面摊开。不过，无论其多长、多宽，所有生物体都仅有几毫米厚，且大部分都具有叠层结构（quilted structure）——有点像我小时候去露营时用的那种由好几个充气管子拼接在一起的充气床垫。或许你会觉得有些意外，但大多数科学家都认为这些是现存已知最古老的动物化石，是古生物学上对即将遍布地球表面的各种动物的最早一瞥。

因此，为了理解米斯塔肯角动物化石的生物学关系以及演化关系，我们需要从基本原则入手，仔细研究它们留存下来的特

征，当然，同样重要的还有没留存下来的特征。就让我们从这些奇异的生物体如何获取碳和能量这个问题开始吧。它们是如何生存的？既然其中有些生物体表面上看很像海藻，那么，也许它们也能进行光合作用？不对，米斯塔肯角的这些生物生活在海面以下几百米深的地方，远不是阳光能照射到的位置。如今，一些深海动物会利用能通过化学能量固碳的共生菌来为自身获取碳元素。但是，这对于米斯塔肯角的生物也是行不通的，因为利用共生菌生活的生物只生活在有氧与无氧海水相交的区域，而米斯塔肯角岩石记录的化学信号表明，那里的生物曾经生活在氧气含量相对丰富的稳定环境中。

那就剩下一种可能了：它们是异养型生物，要通过吃掉其他物种合成的有机物来摄取碳和能量。我们人类就是异养型生物，鲨鱼、螃蟹、鱿鱼也是，但这些动物身上的一些特征在米斯塔肯角化石中的生物身上是找不到的。譬如说，化石里的那些生物没有嘴，也没有可供挪动身体或抓取猎物的四肢。它们似乎尚无较发达的消化系统，而且，即使它们当中真有一些能在海底走动或游动，那也是几乎可忽略不计的极少数。那么，它们是怎么进食的呢？

说到这里，我们需要回过头来看看还存活着的动物，并做一些比较。不过，我们要对比的动物可不是如今时常能在森林、动物园或自然纪录片里看到的物种。现在，请允许我为大家介绍丝盘虫（*Trichoplax adhaerens*）——目前自然界中被正式列入扁盘动物门的唯一一个物种（图 25）。丝盘虫是世界上体形最微小（仅几毫米长）、结构最简单的动物之一，它们大体由被称为上皮细胞的上下两层细胞构成，上下层细胞之间含有液体及少数纤维细胞。丝盘虫没有嘴巴、四肢、肺、鳃、肾和消化系统，但它们的表层细胞既可以像原生动物那样吞噬食物颗粒，也可以从周围环境中的水或沉积物中吸收有机分子，以获取能量。它们只能通过缓慢渗透的方式获取所需的氧气，也正因如此，丝盘虫的身体只能呈扁平状。

除了体形大小不同外，上述关于丝盘虫的简述听起来与我们前面对米斯塔肯角化石的描述颇为相似。实际上，我赞同埃里克·斯珀林（Erik Sperling）和雅各布·文瑟尔（Jakob Vinther）在 2010 年他们还是研究生时提出的一种观点：现存的扁盘动物是在米斯塔肯角及同时代地球其他地方的早期动物辐射演化[1]中，唯一的现代幸存者。图 26 展示的是一个简单的动物系统演化关系，也就是家谱。从这张侧重于现存动物类群的谱系图来看，这些动物最后的共同祖先最终生出两个家族，一个包含海绵动物，另一个则包含了几乎其余所有动物。米斯塔肯角的一些化石显示出其与海绵动物之间具有亲缘关系，但在当地生态系统里，这一关系并不显著。然后，再顺着"其余所有动物"这条线来看，我们会看到第二个出现分支的点，从该点分出两个分支，一个分支是扁盘动物，而在另一个分支中，刺胞动物（海葵、珊瑚、水母）与两侧对称动物（昆虫、蜗牛、人类及其他一切具有一头、一尾、上

---

[1]　辐射演化（radiation），指分支快速发生并形成一个同源的辐射状的演化系统。——编者注

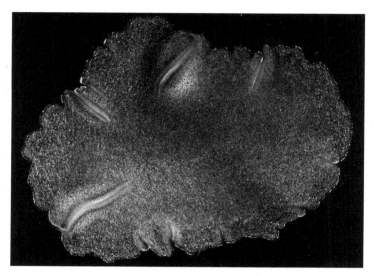

图 25　丝盘虫。图片由哈佛大学曼希·斯里瓦斯塔瓦（Mansi Srivastava）提供

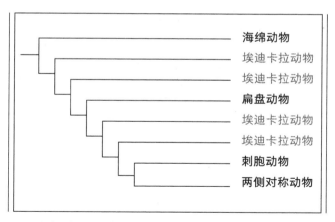

图 26　丝盘虫与埃迪卡拉动物、现存动物之间的演化关系

身、下身、左右结构对称的动物）"分道扬镳"。我们不难看出这棵"生命之树"的逻辑关系：距离"树根"近的物种的出现要早于"树冠"顶上的物种。通过将纽芬兰岛上发现的化石与今天的扁盘动物进行比较，我们发现，米斯塔肯角那些化石极不寻常——比泥盆纪化石还要怪诞——它们反映了在与海绵动物"分道扬镳"之后，且在演化出现代海洋中更为复杂多样的刺胞动物与两侧对称动物之前，结构简单的动物呈现出的早期多样化特征。

因生存于埃迪卡拉纪（Ediacaran）时代，米斯塔肯角的化石遗存有时也被称为"埃迪卡拉动物"。埃迪卡拉纪是 2004 年才被列入国际地质年代表中的，比显生宙里的那些时代晚了一个世纪入表。埃迪卡拉纪以两次意义重大的事件为界。从进入该时期前大约 8 000 万年开始，发生了两次"雪球地球"事件——地球从两极到赤道都被冰川覆盖。这个地球曾经历过的最长的冰期，极有可能对生物演化产生了十分深远的影响，而事实也真的如此：在冰川融化之后沉积而成的岩石中，的确没有发现生活在冰期前海洋中的藻类与原生动物种类的化石。不过，肯定还有很多生物谱系幸存下来，其中就包括"埃迪卡拉动物"以及所有现存动物的祖先。那么，地球是怎么走进这样一个极端寒冷的冰期的呢？另外一个同样重要的问题是，它又是怎么走出这个冰期的呢？

对于元古宙晚期冰期的起因，地质学家及气候建模师一直有争论，但是他们一致认为，在所有岩石记载的极端气候事件中，碳循环都起了决定性作用。其中一个极具吸引力的假设是，"雪球地球"的形成与低纬度大陆上分布的大规模火山岩有关。火山岩在风化过程中会吸收大量二氧化碳，而赤道附近的高温更是会加剧其风化剥蚀的速度。因此，可能是板块构造事件降低了温室气体二氧化碳的水平，从而令地球温度降低，导致了冰川作用的发生。1969年，苏联气候学家米哈伊尔·布德科（Mikhail Budyko）提出假设：因冰川从两极向赤道蔓延，冰层会将更多的太阳辐射反射回太空，从而使地球温度降低，也因此助推了冰川面积的扩张（这样一来，又会有更多阳光被反射回太空）。最终，势不可当的冰川作用就会覆盖整个地球。布德科认为，尽管从数学角度看，该假设具有合理性，但那并不是真正发生过的事实，因为一旦地球步入"雪球"状态，它便无法从这种状态中摆脱出来。地质学研究发现，就在埃迪卡拉纪即将到来之前，整个地球已经变得一片雪白。从两极到赤道，大陆被厚厚的冰川包裹，海洋被海冰覆盖——可以试想南极洲的冰雪一直蔓延到加勒比海的景象。但是话又说回来，地球的确摆脱了冰川的魔爪，你我都是活生生的证明。

　　岩石中记录的诸多证据表明，数百万年后，曾覆盖全球的冰川缩回到两极和山顶区域，随后甚至完全消失了。究竟是什么导致了那些巨大冰川的消融？想要回答这个问题，我们还得说回到碳循环。当冰川蔓延至整个星球时，那些使大气中二氧化碳减少的过程（大陆风化和光合作用）就会变得非常缓慢，而那些释放二氧化碳的过程（主要是火山作用）却在急剧加速。慢慢地，大气中的二氧化碳逐渐累积，达到临界点后，温室效应便能够触发冰川急剧融化。最终，地球告别了冰期，迎来了埃迪卡拉纪。

* * *

作为已知最古老的埃迪卡拉动物存活地之一，米斯塔肯角的位置实属显要。不过，除了澳大利亚（埃迪卡拉山所在地，埃迪卡拉纪即因此得名）之外，人们在俄罗斯、中国、加拿大西北部、美国加利福尼亚州和非洲大陆上的几十个地方都发现了与米斯塔肯角化石中那些动物大体相似的动物，它们在埃迪卡拉纪晚期的各大海洋中经历了一段繁盛期。这其中就有狄更逊虫（*Dickinsonia*），一种扁平的椭圆形动物，存活于 5.6 亿—5.5 亿年前的海底（图 27）。虽然它们与米斯塔肯角化石中的动物有许多明显区别，但总体上我们能得出这样的结论：这些简单的生物体由多个重复的、可能充满液体的管状结构组成，以捕获、吸收细小颗粒为食，并通过渗透与扩散的方式获取氧气。有意思的是，采自俄罗斯白海区域的一些独特标本还保留了一些有机分子化石，证实了狄更逊虫是动物界的一员。

除了狄更逊虫之外，远古的海洋底部还生活着另一种名为"阿伯里亚虫"（*Arborea*）的动物，这种形如蕨类植物的生物广泛分布于埃迪卡拉纪早期的砂岩中（图 28）。它的身体有一个可以将其吸附在浅海海底的圆形结构，同时还有一个圆柱形的、类似叶柄的结构，两边伸展出羽毛状的叶片在水中摇曳。它没有明显的口、鳃、消化系统和四肢，阿伯里亚虫进食与获取氧气的方式很可能与狄更逊虫、米斯塔肯角化石中的动物一样。不过，它身上的一个特征又将它与其他动物区分开来。经过仔细研究，弗朗姬·邓恩（Frankie Dunn）与同事们发现，阿伯里亚虫每一个在水中摇曳的蕨叶形结构的球状顶部都与一个中通的细管状结构相连，而细管状结构则顺着"叶柄"一直向下延伸至基部。这一发现和该化石呈现出的重复的模块化结构无疑表明：阿伯里亚虫并非个体生物，而是群体生物。这其实也不是什么稀罕事，毕竟在地球上进化出拥有发达器官的两侧对称动物之前，群体生物方式或许是自然界产生动物复杂性最重要的方式。就拿现在被称作"葡萄牙战舰"的僧帽水母来说吧，这种刺胞动物能在海上"航行"，若是谁在海里游泳的时候不留神被其触手上的"刺"蜇到，那被"刺"的地方便会出现红肿。虽然僧帽水母看起来像是单个水母，但实际上，它是由无数个体聚集而成的一个群体，并且每个个体都有各自具体的功能。其漂浮在海面上的部分为一个单独的个体，而它下面那些浮动的管状结构则是多个单独的个体，它们负责进食、繁殖或防卫。阿伯里亚虫所反映的或许正是早期生命向群体方向演化的试验。

不过，并非所有埃迪卡拉纪时期的化石都符合上述特征。金伯拉虫（*Kimberella*）的化石体积很小，它最早发现于澳大利亚，但真正令其闻名于世的化石来自俄罗斯白海地区，那里发现了千余个保存精美的化石标本。金伯拉虫（图29）长约几厘米，具有明显的前后、上下、左右结构，因而被划定为两侧对称动物。从各种金伯拉虫化石中可以看出，它拥有一只"肌足"和覆盖在其上面的内脏，表面长有一个略带装饰的盖板。我们从它们当年留下的足迹可以看出，金伯拉虫能够在海底移动，而从其口部向外

图 27

图 28

图 29

图 30

扩展开的划痕可以看出，这种动物口中具有一个类似蜗牛齿舌的器官，这种相对坚硬、形如梳子的器官使其能够通过刮吞海底的藻类及其他微生物进食。人们在其他同年代的砂岩中也发现了一些简单的两侧对称动物存在过的痕迹，但目前只能找到它们在海底表面和海底泥土中的行动轨迹（图31）。

当地球进入埃迪卡拉纪晚期时，动物演化的脚步仍在继续。最早发现于纳米比亚地区5.41亿—5.47亿岁的石灰岩中的碳酸钙质管状化石，也曾广泛分布于全球各地，它们标志着动物矿化骨骼的出现（图30）。如此坚硬的护身"铠甲"无疑需要消耗不少能量才能形成，不过，当捕食者越来越多，构建"铠甲"的成本便会从"生存"这一无价红利中得到回报。直至埃迪卡拉纪晚

图 31

图 27—31 埃迪卡拉时期岩石中的动物化石及动物足迹化石，即狄更逊虫（图27）、阿伯里亚虫（图28）、金伯拉虫（图29）、最早的矿化动物骨骼（图30）及具有附肢的早期两侧对称动物足迹（图31）。图27由剑桥大学亚历克斯·刘（Alex Liu）提供；图28由牛津大学弗朗姬·邓恩提供；图29由俄罗斯科学院地质研究所（Geological Institute, Russian Academy of Sciences）米哈伊尔·费登金（Mikhail Fedonkin）提供；图30、图31由弗吉尼亚理工大学肖书海提供

期，地球上的古怪生物体已相当多样，但我们现在所熟悉的动物种类还未登场。

随着埃迪卡拉纪时期海洋中的动物越来越多，整个地球也在发生改变，这就为现代生物圈的形成打下了基础。我们已经注意到，在元古宙的大部分时期里，大气及浅海中的氧气水平都很低，或许只有如今的 1%。而在今天的海洋里，仍有一些角落保持着如此低氧的环境，那里也有动物，不过大多是难以用化石形式留存下来的小型动物（至多几百微米长、几十微米宽）。只有在氧气水平较高的地方才会出现多种多样、能量充沛的大型动物——其中就包括我们接下来要重点讲述的食肉动物。因此，人类肉眼可见的动物化石表明：埃迪卡拉纪时期的地球经历了巨大的、海量（的的确确是"海"量！）的变化。此外，几十个实验室独立开展的成千上万次化学分析所提供的证据都证实，那时的地球已经迎来一次持久的"变身"过程，最终成就了我们今天所栖息的富含氧气的地球。

随着氧气含量日益充足、动物体形逐渐变大，地球上的光合生物世界也在改变。留存下来的化石和脂质都表明：在历经超过 30 亿年的细菌光合作用之后，藻类成了海洋生态的主角。那么，动物、藻类、空气之间到底是怎样"协作"完成了该转变的呢？我们有理由相信，鉴于埃迪卡拉纪大规模的山脉形成，海洋中有了更多营养物质。在现代海洋中，生活在贫营养环境的浮游生物以原核生物的蓝细菌为主力军，而在营养含量相对高一些的海域往往由真核藻类主宰。我们可以从这一生物分布模式推测出埃迪卡拉纪发生的事情：随着藻类多样性的增加，地球上的光合作用越来越多，食物和氧气也越来越多。最终，在生命出现30多亿年之后，地球变成了能为体形大、耗能高的动物提供生存条件的场所。

＊ ＊ ＊

　　如果说埃迪卡拉纪的开始以大冰期为界，那么它的结束则是以生物的进化为限。要想证实这一点，我们还得从纽芬兰岛西行约2 800英里，去造访加拿大不列颠哥伦比亚省的菲尔德小镇（Field，British Columbia），它位于世界风景名胜之地露易丝湖以西。在一座可以俯瞰谷底的山坡高处，古生物学者们会小心地撬开一座小采石场里的黑色页岩，而结果通常不会让他们失望——亮闪闪的化石正藏于其中。这些化石里留存着被压缩在一起的动物（还有一些藻类），它们的身体构造在石块表面上清晰可见。这片岩层被称为"布尔吉斯页岩"（Burgess Shale），沉积于5.1亿—5.05亿年前，当时，被风暴搅裹或因地震碎落的沉积物急速冲下陡坡，在这处较深的海底积聚。沉积物掩埋了无数生物，并将它们与饥饿的微生物隔绝开来，幸免于腐坏。因此，我们在布尔吉斯页岩中看到的不仅有一般化石中常见的矿化骨骼，还有未矿化的外壳、附肢、鳃、消化道，甚至是神经节，仿佛一本古代解剖教科书里的插图。

　　让我们来看看这些化石都是些什么生物（图32—34）。寒武纪（5.41亿—4.85亿年前）以该时期留下的大量类似现代动物的化石而闻名。以往的寒武纪动物化石都是些矿化壳及骨骼，以典型的已灭绝节肢动物"三叶虫"最为常见。在所有寒武纪岩层中，三叶虫化石约占全部化石的75%。布尔吉斯页岩中的三叶虫化石也很丰富（图32），但那里所有节肢动物的化石加起来也不过占布尔吉斯页岩化石中所发现物种数量的三分之一，而且，其中大部分节肢动物并非三叶虫，而是一些没有矿化外骨骼的、奇形怪状的物种——而由于没有矿化骨骼，它们在绝大多数情况下是无法留存下来的。在布尔吉斯页岩化石中，海绵动物比较常见，经验丰富的生物学者还能发现无数两侧对称动物中的代表性物种，包括软体动物（蜗牛、蛤蜊、鱿鱼）、多毛纲动物、曳鳃动物，甚至还有我们人类的近亲——脊椎动物。除布尔吉斯页岩外，来自中国、格陵兰岛及澳大利亚的化石发现，也为我们窥探寒武纪的生命演化奥秘打开了独特的窗口，这些化石也更为古老——至少形成于5.2亿年前。

可见，埃迪卡拉纪与寒武纪化石群截然不同，不过这有没有可能是由于化石保存与环境方面偏差，而不是生物特性上的差异呢？事实上，我们完全可以排除这种可能性。首先，在中国发现的大约5.5亿岁的页岩中，有着以与布尔吉斯页岩化石相同的方式保存下来的化石，它们记录了各种各样肉眼可见的埃迪卡拉纪生物。其中有大量海藻和少部分可能是动物的生物，但完全没有节肢动物、软体动物及其他复杂的两侧对称动物的迹象，而遗迹化石的情况也如出一辙。能自由移动的动物往往会留下可以判断其身体结构与行为特征的爬迹、足迹、钻孔等"在场

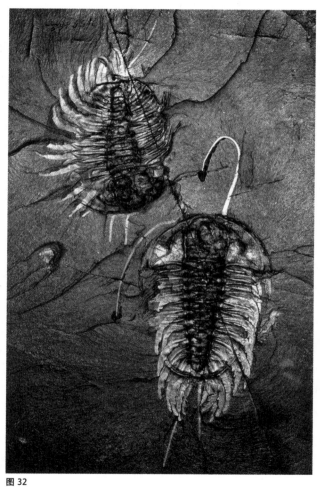

图 32

图 33

图 34

图 32—34 布尔吉斯页岩中的寒武纪化石。图 32 为触肢与触角保存极为完好的三叶虫；图 33 为节肢动物已灭绝的远亲欧巴宾海蝎（*Opabinia*）；图 34 为长有显眼刚毛的多毛纲蠕虫。史密森学会下属美国自然历史博物馆供图；让-伯纳德·卡伦（Jean-Bernard Caron）拍摄

证据"。我们在埃迪卡拉纪晚期的岩石中能找到一些线条简单的遗迹，然而却找不到任何像寒武纪砂岩和页岩中可见的复杂遗迹及钻孔。此外，尽管我们的确在埃迪卡拉纪晚期岩石中发现了矿化骨骼，但在丰富的寒武纪骨骼化石面前，其形态与种类就相形见绌了。

很明显，米斯塔肯角化石与布尔吉斯页岩化石中生物的差异反映了生物多样化的一个特殊阶段，我们通常称之为"寒武纪生命大爆发"。毫无疑问，寒武纪生物化石记录了一个崭新生物圈的出现，这既是此前 30 亿年生物进化的结果，也是一种告别。

仔细观察寒武纪生物化石，我们会发现那些动物与现存动物的相同和不同之处。已故作家斯蒂芬·杰·古尔德（Stephen Jay Gould）在其畅销书《奇妙的生命》（*Wonderful Life*）中着重描述了二者的不同之处。他将布尔吉斯页岩化石中的动物看作"怪异的奇迹"，因为它们具有许多如今已经不复存在的生物身体造型（body plan）。其中欧巴宾海蝎可谓古尔德的最爱，这是一种小型动物，身长 2—3 英寸（5—8 厘米），却长有五只眼睛，以及一个象鼻状的可伸缩长吻，长吻末端还长有一只爪子（图 33）。样子怪异？绝对够怪异。但陌生吗？恐怕也算不上陌生。虽然样貌很不寻常，但欧巴宾海蝎具有与节肢动物非常相似的特征，例如身体分节，以及较硬的有机质外壳。其他发现于寒武纪岩层中的生物化石也具有这种"既相异，又相同"的特点，而当我们把所有化石样本放在一起，我们看到的正是节肢动物的身体结构演变过程。借助寒武纪生物化石这扇窗，我们不禁发现，地球上现存的节肢动物或许是寒武纪更为多样的节肢动物谱系中的幸存者（非常成功！）。而且，不光节肢动物，其他门类的动物也有同样的情况。寒武纪生物化石无疑为我们了解动物身体造型的演变提供了依据。

由此可见，寒武纪是承上启下的生物演化过渡期。寒武纪的生物演化接续了埃迪卡拉纪的大步迈进，甚至还加快了步伐，不过那时的生物圈还没发展成如今的模样。化石记录了最初出现的各种动物身体造型，不过物种数量较少，且并没有几个物种具有与现存动物一样的身体造型。一些动物种群在进化过程中逐渐拥有了坚硬的矿化骨骼，以便抵挡飞速多样化的肉食者对其身体的攻击。不过，寒武纪时期的石灰岩大部分仍是在自然或微生物作用下形成的碳酸钙沉积。（现如今，海洋中大部分石灰岩沉积皆来自动物骨骼。）此外，尽管化石表明当时那些点缀浅海的生物礁内部及周围已经衍生出大量动物，那时生物礁的主要构成物质仍是微生物。海藻算是相对常见的生物，但就像当时的动物一样，藻类化石所反映的物种多样性极为有限。而空气及海洋中的氧气含量已然比过去任何时候都要高，但仍没达到现今水平的一半，而深海中依然是无氧的。多方证据表明，寒武纪时期的气候较现在更暖，在漫长的"雪球地球"冰室气候之后，地球终于迎来了真正的温室气候。倘若你徜徉在寒武纪的海洋里，穿梭于海面与海底的各种动物会令你眼花缭乱，它们要么在忙着捕食，要么在忙着躲避捕食者。与此同时，你也许还会感到困惑：怎么海里的众多物种及生物个体看上去既熟悉又陌生？这让我不禁想起古埃及神庙中的那些浅浮雕 —— 虽然我们难免会用现代的眼光去解读，但这或许并非明智之举。

* * *

多年前，我曾攀越过一座山，山上厚厚的石灰岩地层记录着寒武纪之后的奥陶纪时期（4.85 亿—4.44 亿年前）生命与其生存环境的样貌。该地层底部附近的岩石看上去与其下的寒武纪岩石颇为相似：只不过含有的化石数量要少，并且除了三叶虫之外，鲜有其他种群。可是，随着我继续在奥陶纪地层中向上攀登，我发现岩石渐渐发生了变化：三叶虫依然不少，但其他动物的骨骼化石也非常丰富。

要想一瞥这个"新"世界的模样，我们不妨驱车沿印第安纳州里士满镇（Richmond）周边的乡村之路走上一遭。里士满是位于辛辛那提西北方向的一个小镇，以厄勒姆学院（Earlham College）而闻名。路边用推土机铲过的地方可见奥陶纪晚期（4.5 亿—4.45 亿年前）的石灰岩及页岩，里面满是化石。而这些化石看上去不再陌生：那是蛤蜊、蜗牛、头足纲动物（如乌贼和章鱼）、珊瑚、苔藓虫（即苔藓动物）、腕足类动物及海百合的遗骸，它们从海底向上沉积，形成了与我们在佛罗里达礁岛群或巴哈马群岛潜水时能看到的生物礁大致相仿的点礁。在这个年代的岩石中，我们并没有发现任何新的"门"一级的动物身体构造，但物种多样性急剧增加 —— 据测算，当时的物种数增加了一个数量级。而且，在浅海底部形成的石灰岩中，生物骨骼首次成为其主要的构成组分。

关于上述第三阶段海洋生物快速多样化的发生原因，学者们有不同的解释。一些地质学家用化学证据指出，当时的海洋温度在不断降低，这可能为动物的衍生提供了生态环境。另一些学者则认为，当时的氧气含量不断升高，为动物多样性大发展提供了另一个自然变化线索。还有一些学者提出了生态诱因：激增的捕食压力使得高度骨骼化的动物和藻类衍生出了更多新物种。

所有这些假设也许都发生了，但单独来看，任何一种假设也许都不够完整。我们一再强调，生物圈中的自然与生物过程并不是彼此独立作用的。或许是因为不断隆起的山脉受到的侵蚀作用加速了大气中二氧化碳的消耗，最终导致全球温度下降——对于这一结果，我们有非常强有力的证据。相比温热的海洋，凉爽的海水能够溶解的氧气更多，因此，即使大气成分没有发生改变，奥陶纪时期的全球变冷无疑也为浅海中的动物提供了更多氧气。而由于捕食需要消耗大量能量，总的来说，食肉动物比其他动物需要更多的氧气。

不管哪种解释是正确的，不争的事实都是：奥陶纪晚期的海洋里到处都是动物。已经灭绝的珊瑚、大量（不同于现今能见到的任何一种）的苔藓动物以及高度矿化的海绵动物构建了当时海底的生物礁，而生物礁则为各种各样的食肉动物和食腐动物提供了食物与庇护所。这些动物中不乏与鱿鱼有亲缘关系的圆锥形物种，其中一些身长可达 3.5 米；还有一些通过鳍和尾辨认出的鱼类，不过它们没有下颌。现今南半球的大陆上，人们发现了一些在该时期因冰川而形成的岩石，它们可以证明，全球气温的下降导致了一段短暂冰期的出现。除此之外，还发生了一件事：在冰川消退后，当时已知的动物种类中，约 70% 都灭绝了。

第六章

陆生生物改变地球

植物和动物征服陆地

1991 年，我在莫斯科登上了一架苏联航空公司的老喷气式客机，前往位于莫斯科以东 3 000 英里（约 4800 千米）的一座西伯利亚城市 —— 雅库茨克。在八个小时的飞行中，我大部分时间都望向窗外。底下的森林绵延不绝，似乎没有尽头，唯有几条银白色河流穿过其中，蜿蜒流向北冰洋。而在三叶虫开始繁盛的寒武纪时期，倘若乘坐这趟航线，你全程能看到的几乎都是光秃秃的山岩，并且都附着了一层淡绿色的微生物黏液。这种"西伯利亚绿"反映的是一场新的生物演化革命，即复杂的多细胞生物征服大地的过程。

　　很可能在地球历史的早期，微生物便已扎根于大陆了，但真正改变陆地的还是植物，是它们为复杂的陆地生态系统提供了食物和物质结构。如今，地球上约有 40 万种陆生植物，它们承担了地球上一半的光合作用任务，更占据着地球生物量的 80% 左右。的确，从外太空都能认出地球身披的这件华美绿袍，是这颗星球最显著的特征。1990 年，美国国家航空航天局的"伽利略号"（*Galileo*）探测器在飞向木星的过程中，将探测镜头对准遥远的地球，利用被称为植被光谱红边（Vegetation Red

Edge）^①的近红外光谱探测到了一个尤为特别的峰值。该峰值出现的主要原因是，地表植被大量吸收可见光，而散射回外太空的是近红外光波。因此，如果造访没有地表植被的早期地球，我们就观测不到这样的峰值。

虽然动物起源于远古的海洋中，但在当今地球上，种类最多的却是陆生动物 —— 单是昆虫的种类就远远超过海洋中所有动物种类。在陆地上，数量庞大且大多未能被记录在档的菌类渗透到土壤之中，无数原生生物和细菌则完成了地球大陆上碳、氮、硫的循环，就如同它们一直以来在海里所做的一样。

显然，我们现在所熟悉的这个有着平原与森林、蚱蜢与兔子的世界，仅仅是在 4.6 亿年前大陆与岛屿经历巨变的结果。那么，我们的星球究竟是如何披上绿衣的呢？这件绿衣又给地球带来了哪些影响呢？

* * *

1912 年，医师威廉·麦凯（William Mackie）在苏格兰做区域地质勘测途中，穿过了一个名为莱尼（Rhynie）的村庄。位于阿伯丁市西北 30 英里（约 48 千米）的莱尼村身处起伏的田野之间，其中几个露出地面的岩层吸引了这位地质学者的注意。因

————————

① 一种与绿色植被直接相关的光谱信号，绿色植被对光的散射在红光与近红外交界处区域会有一个迅速增强，这个增强即与绿色植物所含的叶绿素对红光的大量吸收有关。

此，当麦凯看到一片被石墙环绕的田地时，他毫不犹豫地停下来，凑近看了看。那些石墙的主要成分是燧石（即二氧化硅），而且，不难发现其中含有像是植物茎部的化石，有些植物还保持着生长的姿态。如果说布尔吉斯页岩是动物化石福地，那么麦凯发现的莱尼燧石可谓植物化石宝库。4.07 亿年前，在类似于今天美国黄石国家公园或新西兰北岛的那些温泉地带，莱尼燧石形成了。它为人类清晰地认识和了解早期地球上的陆地生态系统打开了一扇绝佳的窗口。

尽管莱尼燧石中有着种类繁多的生物，但不得不说，其中最引人注目的无疑是植物。细胞的诸多特征以及分子生物学都清楚地表明，陆地上的植物是由生长在淡水中的绿藻演化而来的。不过，植物从江河、池塘到陆地的演化进程中充满了实实在在的挑战：它们需要避免因缺水而枯萎，需要足够力量支撑自己的"躯干"，还需要获取能量。在水中生活时，光合生物没有干枯死亡的危险，然而到了陆地上，水分不断从植物细胞中蒸发——要是把水生植物放到干燥的陆地上，很快它们就会枯死。因此，陆地上的光合生物必须得找到办法，减缓活性组织中的水分蒸发速度。水生藻类并不需要什么特别的活性组织就可以在湖水或河水底部保持直立的姿态，因为水本身的浮力会支撑它们的身体。然而在陆地上，空气是无法支撑直立结构的，所以，植物还需另寻他法来维持自身的直挺。在湖泊或河流中，植物能直接从周围的水中获取营养物质，但在陆地上，它们必须从土壤中汲取养料，并将其传递到细胞生长的部位。对古生物学者而言的好消息是，陆生植物经演化而获得的适应能力多半能体现在它们的身体结构上 —— 你不仅可以在活体植物身上看到，也能在化石中窥见那些保存完好的结构。

当时大面积覆盖莱尼地区的是一种具有代表性的早期植物 —— 莱尼蕨（*Rhynia*）。这种蕨类植物的主要结构包括无枝叶生长的光合茎，它呈现伏地生长的铅笔状结构 —— 很像草莓的匍匐茎，以及高度可达 8 英寸（约 20 厘米）的垂直枝条（图 35）。莱尼蕨的光合茎表面覆有一层薄薄的植物蜡和脂肪酸表皮，即角质层。我们从现存的植物中发现，角质层可以有效抑制植物细胞中的水分蒸发，但同时，它也遏制了植物光合作用所需的二氧化碳的吸收。因此，就像现今地球上的植物一样，莱尼蕨完美地保持着二氧化碳摄入与水分蒸发之间的平衡。莱尼蕨表面拥有无数小气孔，当植物处于缺水环境时，气孔周边的细胞会伸展开来，从而将气孔封闭，减少水分流失；而当周边环境不再干燥时，那些细胞又会收缩回去，重新将气孔打开，让二氧化碳进入植物体内。可见，带有气孔的角质层是陆生植物不可或缺的一部分，保存完好的莱尼蕨化石让所有人看到了植物的神奇。

陆地上的光合作用必然会导致水分流失，因此，陆生植物需要具备从周围环境中汲取水分并将其在体内进行运输的机制。在陆地生态系统中，水以及氮、磷等营养物质主要存在于土壤中。现今植物的根系能伸展出众多手指状的细长触须，从土壤中吸收水分和营养物质。实际上，对于绝大多数植物来说，营养物质的获取多半是由根系附近的菌类完成的。而莱尼蕨并没有发达的根系，它们主要依靠被称为"假根"的细丝来将自己固定在土地上并吸收水分。不过，化石证据表明，在4亿多年前，陆生植物与菌类已经具有密切的共生关系，会为彼此提供养分。倘若没有这对"最佳拍档"，地球上的绿色革命恐怕永远不会到来。

最后，植物需要将土壤中的水分和营养物质向上传输，并运输自身利用光合作用产生的养料，而完成这些工作的特殊组织叫作"维管系统"。与此同时，输送水分的细胞具有较厚的细胞壁，为植物茎部提供力量支撑，使其保持直立。我们从莱尼蕨的解剖图可以看出，其主干中心有一个细细的柱状维管组织贯通上下（图36）。

莱尼蕨的直立茎终端有一个伸长的部位，里面存储着用来繁殖的孢子。在水中，孢子可以随波游弋，很容易散播并繁殖。然而在陆地上，莱尼蕨的孢子会被风吹至各处，暴露于干燥的环境中。如同现今的蕨类植物的孢子或花粉一样，莱尼蕨的孢子身着一件被称为"孢粉素"的聚合物外衣，它可以有效抑制水分流失，还能像太阳镜那样抵挡紫外线的伤害。因此总体来讲，在解剖学上，莱尼蕨及其他莱尼蕨属植物与现存的植物样子差不多，但相比之下更有意思的是，它们没有叶子、粗壮的根、枝干或种子。总而言之，就像布尔吉斯页岩之于动物的意义一样，莱尼燧石完好地捕捉到了光合生物祖先向植物演变的过程。

人们在莱尼燧石中还发现了十几种动物，它们几乎全都是节肢动物，只有一个例外——线虫。这些体形又小又圆的虫子是地球上数量最多的动物，但它们的化石却是最罕见的。与早期植

图 35

图 35—37 位于苏格兰的莱尼燧石，形成于 4.07 亿年前。从中可见地球早期陆地生态系统的样貌，其中包括生活在陆地或浅塘中的简单植物（如图 35，图 36 为植物剖面图）、动物、真菌（如图 37，箭头处即生活在莱尼植物组织上的真菌）、藻类、原生动物及细菌。图 35 由亚历克斯·布拉西耶（Alex Brasier）提供；图 36 由汉斯·思多尔（Hans Steur）提供；图 37 由德国明斯特大学古植物研究组提供

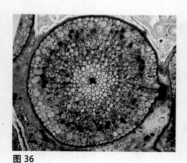

图 36

图 37

物一样，早期登陆的动物也不得不尽量避免水分流失，还要具备支撑自身重量并在陆地上行走的力量。节肢动物的有机质外壳具有像蜡一样的涂层，用于储存水分；而它们最早从海洋中进化而来的具有肌肉和关节的腿，则为它们在陆地上支撑自身重量以及进行运动提供了有利条件。除此之外，氧气也是个不小的挑战，毕竟，鳃适用于水中，但在空气中就派不上什么用场了。许多蝎子和蜘蛛都是通过书肺（book lung）来呼吸的，它书页般的体壁褶皱可以将自身与空气的接触面积最大化，使得氧气可以从大气中进入体内类似血液的液体中，再由其将氧气输送至全身。书肺似乎是由水生祖先的鳃演变而来的。

　　莱尼燧石中还有已知最古老的昆虫化石，那些昆虫将经历辐射演化，并将成为动物界中物种多样性最高的一个家族。此外，莱尼燧石中还保存了种类繁多的真菌，它们有的以枯死的植物为食，有的则帮助维持着植物的生命（图37）。除了真菌，人们在莱尼燧石中还有不少发现，比如卵菌，一些类似真菌的微生物，因导致19世纪爱尔兰马铃薯疫病而闻名遐迩；又如阿米巴虫，它们的细胞外围有花瓶状的有机表皮；再有就是绿藻、蓝细菌。简言之，莱尼燧石中的化石表明，早在4亿年前，地球陆地生态系统就已经展现出现代生态结构与多样性的雏形。一些更为古老的化石碎片则显示，陆生植物的早期"祖先"在陆地上构建出栖息之所的时间，比莱尼燧石的形成还早5 000万年。在苏格兰莱尼燧石所见证的这一里程碑事件之后，时间向前迈进5 000万年，陆生植物迎来了一次革命性的爆发期：它们演化出了叶片、根系、枝干和种子，并且，除少数几个明显不同的类群外，所有的植物类群都出现了。

而我们人类的祖先——脊椎动物，则是这场陆地生物"狂欢派对"的"后来者"。由于拥有四肢，陆生脊椎动物又被称为四足动物。我们知道，四足动物的祖先是寒武纪海洋动物大爆发时期演化出的鱼类。的确，比较生物学与分子序列研究表明，四足脊椎动物与一种名为肉鳍鱼的鱼类是近亲。金枪鱼、鳟鱼等大多数硬骨鱼的鱼鳍都由细长的骨头支撑，这些骨头从一组与鱼身相连的小型骨头底端发散开来。相比之下，肉鳍鱼拥有成对的肉质鱼鳍，它们通过一根中轴骨与鱼身相连，而其他骨头的构造则与四足动物的肢骨颇为相似。最有名的肉鳍鱼当数腔棘鱼，尽管它们并非与陆生脊椎动物关系最密切的近亲。人们很早就发现了这些特征显著的肉鳍鱼化石，不过仅见于 6 600 万年之前的岩石中，因此人们一度以为这些鱼类早已灭绝了。出人意料的是，1938 年，在南非共和国周边海域工作的一个渔民捕获的鱼群中，出现了一条活着的腔棘鱼，这一发现无疑为此前的"灭绝"结论盖上了"言之过早"的戳记。后来，人们又在印度尼西亚的苏拉威西岛附近海域发现了第二种"灭绝"的腔棘鱼。毫无疑问，腔棘鱼有明显的肉鳍结构，这证明它们与陆生脊椎动物的确是近亲关系，但同样毋庸置疑的是，它们并不算陆生脊椎动物，而是在水里生活的鱼。

肺鱼与四足动物的亲缘关系更为紧密，它们属于淡水鱼，共有 6 种。肺鱼不仅有肉鳍，还有从鱼鳔（鱼体内用来保持浮力并为心脏供给氧气的球状器官）进化而来的原始肺结构。尽管看上去仍然是鱼的样子，但肺鱼表现出明显的陆地生活适应性，目前只有一种肺鱼仍保持着单独用鳃呼吸的能力。不过，从鱼类到四足动物，还需要漫长的演化历程。与植物一样，脊椎动物需要经历革命性的转变才能在陆地上生存繁衍。它们不仅需要演化出肺器官来获取空气中的氧气，同时还需要实现头骨、胸腔、四肢的结构重组，以便能够在陆地环境中进食、呼吸与活动。

鱼类主要通过嘴部的吸食动作获取食物，并用鳃过滤吞入的水来获取氧气。因此，鱼类的头骨结构复杂又有弹性。而在陆地上，脊椎动物通过咬食和呼吸来获取食物与氧气。因此，脊椎动物的头骨已经演化出更加坚硬的结构，以满足咬食和呼吸的需要。随着长期行为结果而产生的这些改变同样"改造"了腭，从而满足了发声的需求。我们从胸腔的演化中也能看到对呼吸的适应性调整：脊柱上伸展出许多较长的肋骨，以支撑用于协助肺部扩展与收缩的肌肉。此外，鱼类的肩胛带是与头骨直接相连的，这主要是为了使光滑的鱼身呈流线型，从而便于在水中活动，而其前进的推力主要来自鱼身和鱼尾的肌肉。相比之下，陆地脊椎动物的结构支撑与运动能力需要依靠的是肌肉发达的四肢，即与骨盆相连的下肢和与上肢带骨（现在已明显与头骨分离开来，分别与颈部相连）相连的上肢。

引人注目的是，一系列形成于3.8亿—3.6亿年前的化石将鱼类到四足动物这一扣人心弦的演化过程留存了下来。对演化论持怀疑态度的人有时会声称化石并不会保存两物种间的演化过程，他们怕是没见过提塔利克鱼（*Tiktaalik*）的化石（图 38）。提塔利克鱼最早发现于加拿大北极地区 3.75 亿岁的岩石中，全身呈肉鳍鱼的结构，用鳃呼吸，周身有鳞，但却拥有与鳄鱼相似的扁平头骨。虽然鳍部状如肉鳍鱼，但其骨头结构已经发生变化，有了肘部和腕部的雏形。它的肩胛带也已与头骨分离，二者分别与颈部相连，并有用于支撑身体和四肢运动的肌肉组织。另外，其头骨特征显示，就像如今的肺鱼一样，提塔利克鱼能够利用肺部呼吸。

所以，提塔利克鱼到底是鱼还是四足动物？这还真不好说，而这正是问题的关键。除了这块神奇的化石外，人们还发现了许

图 38　3.75 亿岁的提塔利克鱼化石（下方为重建的模型），已展现出从鱼向陆地脊椎动物进化的过渡形态。图片由芝加哥大学尼尔·舒宾（Neil Shubin）提供

多类似的化石，这些不同年代、不同特征的化石共同记录下了动物从水生向陆生演化的过渡阶段。尽管提塔利克鱼还算是水生动物，但它很可能也可以利用像四肢一样的鳍在浅滩中或水边的陆地上支撑、挪动身体。而且，它还能在空气中自如呼吸，能用下颌捕捉猎物。在各地沉积岩层表面发现的一系列爬行迹化石无疑向我们证明着：在泥盆纪晚期时，脊椎动物已开始登上陆地了。

* * *

当海洋生物在寒武纪开始大爆发时，地球的大陆正处于大范围的离散状态：地幔中熔融物质的上涌造就了形成于元古宙晚期的一个超级大陆的裂解和离散。不过，对地表而言，规律就是"合久必分，分久必合"，于是，到了莱尼燧石形成的时期，地球各大陆再次开始了聚合进程，并最终形成了一个独立的超级大陆——泛大陆。在千百万年的聚合进程中，大陆板块不断发生碰撞，挤压出今天的山脉，在各大采石场和开凿的山路两边清晰可见的断裂和褶皱的岩层就是证据。大约在 3 亿年前，泛大陆完成了它的构建。然而，由于地幔对流作用，大陆的这种"舞蹈"从未停歇，终于在 1.75 亿年前，泛大陆再次"化整为零"，被撕裂成不同的大陆板块（见第二章）。

那么，生命对陆地的征服，又对地球产生了哪些影响呢？土壤的形成就是其中之一。平时我们可能不会琢磨土壤的事，即使提起土壤，通常会觉得它只是不断发生自然变化的地球表面而已。但作为或许是对人类来说最重要的地球资源，土壤反映了自然与生物过程之间的相互作用（是的，我们又提到它了）。在土壤的形成过程中，化学风化作用功不可没，而与它同样重要的还有根系、菌类、埋藏的植物残骸，以及蚯蚓。实际上，在不断深入地下的过程中，植物的根系将有机酸释放到土壤中，这对土壤形成过程中最主要的化学风化过程起到了很大的促进作用。可见，在陆地生态系统经历演变时，肥沃的土壤也随之形成。

植物合成的角质层、木质素、孢粉素及其他生物分子可以抵挡细菌性腐坏，使其得以较好地被封存于沉积物中。碳循环中新加入的这个环节产生了两方面的显著影响。一来，光合作用的有机产物更多地被埋藏，会加速碳元素从大气中的二氧化碳向沉积物中的有机分子转移，从而为地球降温。二来，由于被埋藏的有机碳并不消耗氧气，因此，被埋藏植物的增多也就意味着大气中氧气水平的提高。与上述推断一致的是，来自不同方面的四条化学证据表明，随着早期陆地植物的演化，大气中的氧气含量最终达到了现代水平，与此同时，深海中也有了氧气。此外，形成于泥盆纪末期并紧接着在石炭纪加速扩张的大陆冰川，此时再次在南半球扩张，这些冰川的沉积特征可见于如今的非洲南部、南美洲、印度、澳大利亚和南极洲，它们在古生代都曾是同一个完整大陆的一部分。

随着冰川覆盖至南北两极，沼泽逐渐蔓延至赤道低洼地带，其中包括北美洲、欧洲以及中国部分地区。支持了工业革命（以及加速全球变暖）的煤大多是这些古老湿地上的植物残腐产物。从生物角度来看，那是一个"大个子时代"——别误会，此时的"大个子"还不是指恐龙，而是翅膀展开长度可达 28 英寸（约 71 厘米）的蜻蜓，还有身长足有 7 英尺（约 2 米）的千足虫。木贼类植物，现存仅 15 种的一类小型植物，在当时却包含了高度超过 30 英尺（约 9 米）的大树；而另一类现今大多也是小型植被的石松类植物，在石炭纪的热带湿地上能长到 100 英尺（约 30 米）高。美国的西弗吉尼亚州、肯塔基州、伊利诺伊州的煤矿主要都是这些已经灭绝的"大个子"被埋压后的产物。当时的蕨类植物和种子植物也多种多样，其中包括现代松柏类的祖先，不过大多已经灭绝。然而，这些湿地环境并未延续下去。晚古生代大陆碰撞形成的山脉改变了大气及海洋的循环模式，进而排干了湿地的水分，也给那些以之为生的独特物种带来了灭绝的厄运。随后，对于植物与四足动物来说，全新的生态系统逐渐形成，而这一新系统中就包括了最具标志性的灭绝动物——恐龙。

* * *

多年前，我曾参加过一次为年轻科学家们举办的会议。在会上，我见到了玛丽亚·朱伯（Maria Zuber），那时的她是行星科学界一颗冉冉升起的新星，如今，她已是月球与遥远行星研究领域的知名专家。第一天的会议结束后，玛丽亚给家里打了电话，她告诉自己年幼的儿子，这一天的大部分时间里，她都在和古生物学家们聊天。小儿子很兴奋，忙问妈妈都见到什么厉害人物了。"哦，有两个，"玛丽亚回答，"安迪·诺尔，还有西蒙·康韦·莫里斯（Simon Conway Morris）。"这两个是小家伙从来没听说过的名字。在得知这两个无名小卒研究的是地球早期生命时，玛丽亚的儿子带着明显的同情语气安慰道："没关系的，妈妈，也许下次你就能见到研究恐龙的人了。"

恐龙。腕龙、三角龙、霸王龙，你肯定知道它们的名字，或者至少你小时候是知道的。从整个地球和生命的维度来看，恐龙称霸的时间可谓短暂——还不及整部地球史长度的 4%，而且，与蓝细菌相比，它们对地球的影响也可谓微乎其微。不过，在整个侏罗纪和白垩纪时期，恐龙的确是地球生态系统中的绝对霸主，它们演化出的巨大身形也是自有生命以来的任何物种都不可比拟的。

那么，恐龙到底是些什么动物？它们的霸主地位得益于哪些特征呢？为什么有些恐龙的体形如此巨大？我们不妨从它们当年生活的世界讲起。

最早的陆生脊椎动物都是食肉动物，也可能有食腐动物，但是，在不到 5 000 万年之后，四足动物大家族中就既有食肉动物，也有食草动物了。而它们又可以被划分为两栖动物和羊膜动物两类，后者包括了今天的爬行动物、鸟类及哺乳动物。下一章我们会讲到，古生代终结于一场大灾难，但陆地生态系统在中生代（2.52 亿—0.66 亿年前）又恢复了生机，脊椎动物和植物也都在向着现代的方向发展。那时，地球上的乔木和灌木主要包括松柏类、银杏和其他种子植物，林下则是各种各样的蕨类植物。如今在绝大多数陆地生态系统中占据统治地位的开花植物，要等到中生代晚期才会遍布各地，其化石的最高年龄也就 1.4 亿岁多一点。

在中生代早期，四足动物的多样化也令我们今天能见到的四足动物种类开始兴起。已知最早的哺乳动物、龟、蜥蜴和青蛙的化石都出现在三叠纪（2.52 亿—2.01 亿年前）岩层中，此外还有翼龙（最早带有翅膀的脊椎动物）、恐龙形动物（包括最早的恐龙和恐龙的近亲）以及其他如今已经灭绝的种类。三叠纪时，种类和数量最多的脊椎动物是敏捷的大型爬行动物：一些为两足，另一些则为四足；一些鼻子长、牙齿外露，另一些则有哈巴狗那样短而扁的鼻子；一些是食肉动物，另一些则是食草动物。它们是恐龙吗？其实并不是。虽然恐龙的确存在于三叠纪，但那个时候，恐龙的数量和种类都并不突出。三叠纪时期的"贵族"当数现今鳄鱼家族的一个支系。那么，恐龙后来的称霸依靠的是某些更具适应性的优势吗？看上去并非如此。三叠纪因灾难而起，也因灾难而终。恐龙能够在生态系统中占主导地位，至少要部分归功于它们是三叠纪末期大灾难的幸存者——而它们得以幸存的理由，或许是基因和运气各占一半。

尽管当时陆上的生物界已经与现在较为相似了，但大陆的形态仍在发生改变。泛大陆早期裂解的记录之一是帕利塞兹（Palisades），这片现在出露在紧邻纽约市的哈得孙河沿岸的低矮陡崖上的火山岩，形成于超级大陆早期裂解时的火山爆发。大西洋从赤道一直延伸至两极，如拉链一般分隔了大陆。由于北美与南美大陆同时向西移动，太平洋板块逐渐俯冲至二者之下，落基山脉与安第斯山脉由此形成。南部的各个大陆同样经历了"分崩离析"：非洲与印度北移，向欧亚大陆俯冲碰撞，形成了自阿尔卑斯山脉至喜马拉雅山脉的一条巨大山系。也就是说，我们现在所熟知的全球地理样貌开始成形了。当时的地球处于一段温暖且大体无冰的时期，然而，板块运动仍然不断带来大陆的重组和山脉的形成，为地球上一个新的冰期的发生做好了铺垫——尽管它一时半刻还不会到来。

* * *

现在，我们可以说回关于恐龙的基本问题了。恐龙的定义其实颇为乏味。自 19 世纪初期开始，古生物学家们便陆续发现了许多个头巨大的动物化石，它们明显有别于当时地球上可见的任何一种四足动物，于是，古生物学家们给这种动物取了一个形象的名字：恐龙（dinosaur，希腊语中意为"恐怖的蜥蜴"）。如今，恐龙也有了谱系意义上的定义：恐龙包括最早的此类巨兽及其后代。幸运的是，这个解释的确能让人把恐龙的形象和它的名字联想到一起，但由此也带来了一个意想不到的后果，关于这个问题，我们往下说就知道了。

提到恐龙，我们大多数人脑海中出现的都是一些可怕的庞然大物，即便是食草恐龙也让人望而生畏。可以说，这样的想象大致是正确的，不过，已知最小的恐龙仅重 15 磅（约 7 千克），个头相当于一只迷你雪纳瑞犬。最近一份关于脊椎动物体形大小的统计数据显示，无论是哺乳动物、鸟类、两栖动物，还是鱼类，体形越小的种类越多，而体形越大的种类越少；也就是说，啮齿动物多，大象少。然而，恐龙却与众不同：体形越大的，种类却越多。

所以说，大多数恐龙的体形真的非常大，这是随便哪个八岁孩子都能告诉你的事实。但为何会这样呢？为什么恐龙与长久以来信步于地球上的四足动物如此不同？虽然关于这个问题的答案，人们并未达成共识，但德国古生物学家马丁·桑德（Martin Sander）和他的同事们的一个假设，让我眼前一亮。

最早的巨型恐龙是蜥脚类恐龙，它们的确也是地球上出现过的恐龙中体形最大的。蜥脚类恐龙是具有长脖子的食草动物，最具代表性的泰坦龙身长可达 120 英尺（约 36 米），体重 70 至 90 吨不等。[位于纽约的美国自然历史博物馆展出了这个神奇的物种化石，工作人员的巧妙布置让这只泰坦龙的头探出了大厅，更加凸显出它俯视一切的庞大（图 39）。]泰坦龙的长脖子正是桑德及其同事们关注的重点。

蜥脚类恐龙非凡的长脖子使得它们可以吃到其他食草动物无法接触到的树叶，在大范围内觅食也不必走来走去——也就是说，体形越大，它们获得食物资源的效率就越高。而蜥脚类恐龙小小的头部，也让长脖子成为可能——它们的脖子可无法支撑

鸭嘴龙类或霸王龙类那样大的脑袋。而蜥脚类恐龙的头部之所以比较小，主要是因为它们不会像听话的孩子那样细嚼慢咽，只会迅速地咬下枝叶，然后将树叶和种子囫囵吞下。

与鳄鱼不同，恐龙的呼吸系统与鸟类相仿，这使它们能够将氧气运送至庞大身体的各处，脊椎还连着无数气囊以减轻脖颈的压力，这一点尤为重要。此外，蜥脚类恐龙的代谢率很高，这使得它们的生长速度非常快，以至于成年蜥脚类恐龙的体形会比刚孵化时大 10 万倍。现在，地球上的动物可分为恒温动物和变温动物两类，前者通过燃烧热量来维持体温恒定，后者则依靠周围环境来调节体温。为了保持体内温度恒定，恒温的哺乳动物和鸟类需要消耗大量通过进食转化的能量。而恐龙与我们现在认知里的鸟类或哺乳动物并不相像，它们似乎是通过一种独特的促进新陈代谢的方式来维持较高体温，从而将更多的食物用于自身生长。不难想到，这种独特方式的关键就是体形。当一只动物越长越大，它所产生的热量会随体积而增加，而它所消耗的热量则是随着身体表面积增加的，这就意味着，它产生的热量是立方函数，而它消耗的热量只是平方函数。因此，体形庞大的恐龙可以通过相对被动的方式来维持较高的体温。近期对蜥脚类恐龙骨骼

图 39　位于纽约市的美国自然历史博物馆展出的泰坦龙属的巴塔哥泰坦龙（*Patagotitan mayorum*）的巨型骨架。该骨架从鼻子至尾部长度为 122 英尺（约 37 米）。图片版权属于美国自然历史博物馆，D. 芬宁（D. Finnin）拍摄

的化学分析证实了这一观点：恐龙的体温约为 97—100 °F（36—38 °C），与现存的哺乳动物基本相同。

对蜥脚类恐龙来说，庞大的体形也能帮助它们抵抗捕食者的攻击（正如大象很少惧怕猎豹一样）。正所谓"道高一尺，魔高一丈"，食肉恐龙的体形也越来越大，由此展开了一场恐龙进化路上的"军备竞赛"。而由此带来的后果是，陆地上在生态学和生理学意义上最有利的位置最终被恐龙占据。而与恐龙生活在同一环境下的早期哺乳动物的体形没能与恐龙齐头并进。为了生存，这时的大部分哺乳动物都选择了"惹不起，躲得起"策略：要么在夜间活动，要么在树上或洞穴中生活，正如现在许多哺乳动物一样。那些偏爱大卫而非歌利亚 [①] 的人一定愿意了解这个事实：至少一些早期哺乳动物是会偷吃恐龙蛋的。

* * *

我们习惯认为恐龙已经灭绝了，不过，倘若按照上述关于恐龙的定义来衡量，事实就并非如此。你家后院就有活着的恐龙——各种雀啦，莺啦，它们都算。大约一个半世纪之前，英国博物学家 T. H. 赫胥黎（T. H. Huxley）最早提出鸟类皆由恐龙演化而来，他也是达尔文理论最坚定的捍卫者。1868 年，赫胥黎写道，"恐

[①] 大卫与歌利亚，《圣经》故事中的两个人物。在战场上，瘦弱的大卫最终战胜了高大的歌利亚，写就了一段以弱胜强的战争故事。

龙是爬行动物演化为鸟类历程中的一环……恐龙前肢处生长出翅膀"。赫胥黎对鸟类骨骼与腔骨龙（*Coelophysis*）骨骼之间的相似之处尤为关注，腔骨龙是一种小型恐龙，其化石见于三叠纪晚期及侏罗纪早期岩层中。

　　一些体现了过渡特征的化石再次为鸟类起源于恐龙的假说提供了佐证。在 1855 年及 1861 年，人们先后在巴伐利亚一家采石场挖掘出两块非同寻常的动物化石。化石中有一具完整的动物骨架结构，形似同时期的小型恐龙，但前肢却长出了翅膀状的结构（图 40），人们将其命名为"始祖鸟"（*Archaeopteryx*）。它的头骨已经演化出形如鸟喙的结构，不过下巴上仍排列着牙齿。更令人惊讶的是，始祖鸟的身上附有羽毛。［人们可以在柏林洪堡博物馆（Humboldt Museum）看到一块标志性的始祖鸟化石标本，化石外罩着一层防弹玻璃，防护等级堪比卢浮宫里的名画《蒙娜丽莎》。］就像提塔利克鱼在鱼类向四足动物的演化过程中扮演的"过渡者"角色一样，始祖鸟同样体现了它在演化之路上的来处和去向。近几十年，人们在中国的白垩纪地层中发现了许多恐龙化石，这些新发现进一步证实了恐龙与鸟类之间的关联，其中一点就是：在与鸟类亲缘关系最为密切的恐龙身上已经长出了羽毛。而借助保存在化石标本上的色素分子，我们甚至可以重建这些鸟类先驱的色彩，为那句旧谜"黑白和红色同在是什么？"[①]

---

① "What is the black and white and red all over? "经典英文谜语。答案是报纸（传统西方报纸是黑白印刷，标题则是红色）。——编者注

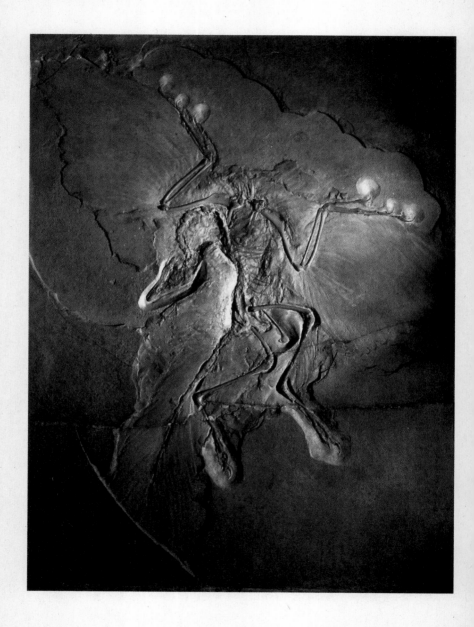

奉上一个全新的科学解答。虽然早期的原始鸟类可能是利用可延展的前肢来捕捉猎物的，但它们最终进化出了滑翔和自主飞翔的能力 —— 在中国境内发现的各种化石标本，皆反映了它们为适应飞翔而发生的骨骼与肌肉上的改变。而飞翔的能力也为它们开拓出一个新的地盘 —— 天空，翼龙则是第一批"拓荒者"。近期有研究显示，其他小型恐龙也进化出了与鸟类不同的翅膀，但它们的飞翔水平都敌不过鸟类，因此最终成为空中霸主的还是鸟类（以及之后很久才出现的蝙蝠），更重要的是，鸟类在 6 600 万年前的环境灾难中幸存了下来。所以，当你跟自家鹦鹉对话、欣赏老鹰的优雅身姿、烘烤鸡肉，或是轰赶花园里的乌鸦时，都别忘了给予这些鸟类应得的尊重 —— 它们可是威猛的恐龙家族的幸存者。

图 40　著名的始祖鸟化石，反映了恐龙与鸟类之间的关联。该化石标本陈列在柏林自然历史博物馆（Museum für Naturkunde）。图片版权归 H. 拉布（H. Raab）所有。资料来源：https:// commons.wikimedia.org/wiki/File: Archaeopteryx_lithographica_(Berlin_specimen).jpg

第七章

灾难改变地球

灭绝重塑生命

在意大利中世纪古镇古比奥（Gubbio）附近，一条狭长的峡谷深嵌在亚平宁山脉（Apennine Mountains）之中。对于普通游客来说，峡壁上那些一层层的致密石灰岩可谓乏味无奇。这些在很久以前形成于深海海底的石灰岩里满是化石——主要包括名叫有孔虫的原生动物以及被称为颗石藻的小型藻类留下的碳酸钙骨骼，不过，由于个头极小，它们在岩壁上并不起眼。然而，如果对岩壁上的某处仔细观察，你就会发现一个极为突出的特征：在这数百米高的岩壁上的无数层相似的岩层中，有那么半英寸（约1厘米）厚的黏土层里，竟然一丁点儿碳酸盐矿物都没有（图41）。如果将这些石灰岩带回实验室，在显微镜下一层接一层地仔细研究，你又会发现另一个神奇的现象：在该黏土层之上的岩层中，几乎找不到在该黏土层之下发现的微体化石物种。

古比奥镇的这一黏土层是白垩纪和古近纪界线的标志层，也是中生代和新生代的界线标志，就像6 600万年前的一道篱笆墙，将不同时代的陆地与海洋生物分隔开来。在海成岩石中，曾经用于重建中生代时间标尺的那些微体生物种类似乎瞬间消失了。就连菊石也全军覆没——要知道，这些与鱿鱼有亲缘关系的菊石曾是中生代海洋中数量最多、种类最丰富的食肉动物。同时消失的还有其他各种各样的物种。与此同时，长久以来称霸陆地的恐龙也销声匿迹了。所有这一切都发生在古比奥镇黏土层所代表的一个瞬间。

20世纪70年代时，地质学家沃尔特·阿尔瓦雷斯（Walter Alvarez）前往古比奥镇，研究那里石灰岩层的磁性特征，而那层与众不同的黏土层引起了他的注意。它代表着多长的时间呢？沃尔特向父亲提出了这个疑问。沃尔特的父亲路易斯（Luis）是知名物理学家，也是诺贝尔奖得主，他答道，这个问题很简单，从古至今，不断有极微小的陨石从大气中落到地球上，坠如雨下，而它们坠落的频率是已知的。这些来自太空的信使包含着诸如铱这样在地表物质中极少存在的元素，因此，沃尔特只需测量一下该土层中铱元素的含量，就能计算出它承载的时间跨度。于是，沃尔特与化学家弗兰克·阿萨罗（Frank Asaro）、海伦·米歇尔（Helen Michel）共同进行了测算。结果显示，这块黏土层的铱元素含量很高，也就是说，它所代表的时间跨度应该有几百万年，但沃尔特知道这根本不可能。后来他终于发现，这个错误竟然如此美妙，如此惊人，如此具有启发意义。

图41 位于意大利古比奥镇的白垩纪–古近纪界线。沃尔特·阿尔瓦雷斯在此提出了陨石撞击造成地球生物大规模灭绝的假设。右下方的白色石灰岩形成于白垩纪末期，其中夹杂着各种各样的微小有孔虫和颗石藻的骨骼；左上方泛红色的石灰岩形成于古近纪初期，其中仅有少量有孔虫及颗石藻类生物。将两个时期石灰岩层"一刀两断"的那条黏土层位于白色石灰岩顶部，它被许多好奇的地质学家取样研究。安德鲁·H.诺尔拍摄

如果黏土中铱元素的含量之高所反映的不是铱元素在历史长河中缓慢的累积速率，那么它也许意味着这些铱元素是在短时间内迅速积聚而成的，而该积聚很可能缘于一颗撞击地球的大型陨石。阿尔瓦雷斯与同事们测算出，这颗陨石的直径需要达到将近7英里（约11千米）才会带来如此大的影响。对地球来说，被这样巨大的陨石撞击无疑是灾难性的，或许就是它导致了地球上的恐龙及其他植物、动物和微生物的灭绝，它们都未能看到古近纪的曙光。

1980年，阿尔瓦雷斯团队的论文正式发表，当时便轰动了世界，对该论文持支持态度的人数与持质疑态度的人数可谓旗鼓相当。争论持续了大约十年，积累的数据最终扭转了局势，胜利的天平倾向阿尔瓦雷斯一方。（顺便说个趣事，20世纪80年代末期，沃尔特曾来哈佛大学访问，当时他暂住我家。我将他介绍给我4岁的女儿柯尔斯滕认识，并告诉她："阿尔瓦雷斯先生对恐龙很感兴趣。"柯尔斯滕瞬间来了精神头，于是我又试探性地问道："现在还有活着的恐龙吗？""真傻，当然没有了。"我女儿回答。从她的语调中，我听出了她因为我的无知而感到沮丧，接着她说："它们都被一颗陨石杀死了。"话音刚落，沃尔特从沙发上跳起来，将双臂举向空中，仿佛一名橄榄球裁判在发出触地得分的信号——如果孩子们都认可这个理论，那科学家肯定也会接受。）

从没有哪个科学问题是靠投票解决的，阿尔瓦雷斯的假说也不例外。他的假说推测出，岩石中应该还留存着其他一些特征，于是，各国地质学家都踏上了探寻之旅。他们发现，在世界各地，凡是于白垩纪与古近纪交界时期形成的岩石中，都可见铱元素含量的异常现象，而更早或更晚期形成的岩层中都没有出现该情况。很快，科学家又在该交界时期内形成的岩石中发现了一种名为"冲击石英"的独特矿物质。冲击石英只在极高温、极高压的条件下才能形成，而这恰恰符合一颗巨型陨石撞击地球的假设。随后，真正确凿的证据出现了：人们在尤卡坦半岛（Yucatan Peninsula）发现了一个形成于该交界时期的直径约 125 英里（200 千米）的陨石坑，被掩埋在古近纪之后形成的沉积岩之下。它所见证的那场大灾难令繁衍了近 1.7 亿年的恐龙家族毁于一旦。

* * *

如果你去问一位古生物学家，哪些化石对人类理解生物进化做出了贡献，他给出的答案很可能是那些早已消失了的生物，比如颠覆我们"生物观"的恐龙、三叶虫以及高大的石松，随后他就会提到它们的大规模灭绝及其对生命演化发展产生的影响。不过，也不是所有古生物学家都会这样回答。古生物学家乔治·盖洛德·辛普森（George Gaylord Simpson）堪称 20 世纪中叶新达尔文综合学说的杰出贡献者，他于 1944 年撰写了一部很有影响力的书——《进化的速率与模式》（*Tempo and Mode in Evolution*）。辛普森在这本书中指出，化石所揭示的进化方式是群体遗传学在长期进化过程中的反映。他的论述很直接，也很令人信服——总的来说，新达尔文综合学说就是将群体遗传学作为长时间自然选择和演变的驱动机制。然而，辛普森把关注点全部放在了群体遗传学上，却漏掉了演化过程中一个很关键的地质学问题。地球并非仅仅是一个供动态的生物群体不断演化的被动平台；实际上，我们这颗星球与其支撑的生物种群一样，也是动态的：从局部地区的瞬息变化到长久的全球性变化，地球环境在不断发生改变。而且，如果环境破坏使生物群在短时间内遭受到剧烈的冲击，那么一些物种乃至整个生态结构都可能崩塌。群体遗传学无疑是物种起源的基础，但物种的可持续性却是由地球环境变化所决定的。我们在前几章中透露过，并且白垩纪晚期发生的地质事件也表明，今天我们见到的生物多样性正是环境变化与大灭绝所持续作用的结果，它们带来的影响毫不亚于群体遗传。哺乳动物之所以遍布新生代的地球，不仅仅有群体遗传学方面的原因，更缘于一些哺乳动物在令恐龙灭绝的白垩纪末期灾难中幸存了下来。

阿尔瓦雷斯的假说将古生物学思路引到了大灭绝这条路上，而同时期的另一个研究项目又帮助我们向前迈进了一步。在 20世纪 70 年代我还在读研时，我的同学兼好友杰克·塞浦科斯基（Jack Sepkoski）开始将各时期的化石多样性情况统计成图表。杰克并不是第一个做这件事的人，但他的韧劲儿和对细节的专注使他成功建立了一个惊人的数据库，其中录入了有化石记录的海洋动物的每一个目、科、属的首次与末次出现时间。（杰克并没有统计"种"一级的情况，而事实证明他的直觉很正确：过于细化的记录有可能会因沉积物发育程度和化石采集者的习惯等因素而产生信息偏差。）杰克的数据显示，生物多样化进程从未一帆风顺。地球上的生物多样性在寒武纪和奥陶纪时期均出现增长，但在奥陶纪末期又骤然减少，继而又迎来回升，却在泥盆纪再次减少，随后又如此反复三次，其中就包括白垩纪晚期的那次生物多样性骤减。总的来说，在过去 5 亿年间，地球经历了 5 次生物大灭绝事件，此外还有 6 次规模略小的生物灭绝事件（图 42）。

曾经，阿尔瓦雷斯的假说似乎为塞浦科斯基汇总的生物多样性演变特征提供了一种常规解释：也许是大型陨石导致了生物大

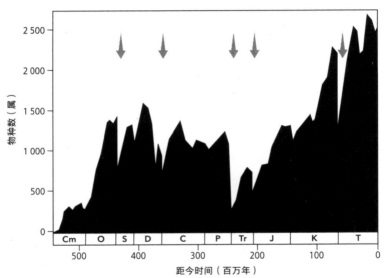

图 42 杰克·塞浦科斯基苦心编录的属级海洋生物多样性演化曲线。其中五处箭头指向的位置为过去 5 亿年间多样性骤减的时间节点——地球上的"五次大灭绝事件"。图片来自塞浦科斯基在线属级数据库（Sepkoski's Online Genus Database）。（图中横坐标字母所代表的是地质年代名，从左向右依次为：寒武纪、奥陶纪、志留纪、泥盆纪、石炭纪、二叠纪、三叠纪、侏罗纪、白垩纪、第三纪。其中"第三纪"现已不再使用，新地质年代表将"老第三纪"改称"古近纪"，"新第三纪"改称"新近纪"。——编者注）

灭绝，较小的陨石冲击则引发了小规模生物灭绝。听上去的确简单合理，但这种解释其实并不正确。事实上，只有白垩纪末期那次大灭绝的罪魁祸首才是陨石冲击。

历史上规模最大的生物大灭绝并非发生于白垩纪末期，而是2.52亿年前的二叠纪末期，当时，有超过九成的海洋动物种类消失殆尽。（这两次物种大灭绝都发生于显生宙中的时代之交，这看起来似乎纯属巧合，但显然并非如此。因为19世纪的古生物学家是借助化石建立地质年代表的，而二叠纪与白垩纪末期的古生物巨变恰恰是他们划分地球历史时期时所参考的自然标志。）

在中国浙江长兴县煤山镇的一座山坡上发现的化石非常清晰地记录下了二叠纪末期的生物大灭绝事件（图43）。该化石遗址很容易找到，因为当地政府特地在那里建了一座耀眼夺目的地质公园，用于保存、展示当地的地质情况及开展地质调查。抛开博物馆的陈列，煤山镇的岩石背后其实是一个可怕的故事。那座山坡下的石灰岩中满是二叠纪末期海洋动物化石：腕足动物、苔藓动物、棘皮动物、体形较大的矿化原生生物等等。如果你能穿越回去，沿着二叠纪末期的海边游上一圈，你会看到浅海中分布的各种动物、海藻、原生动物。然而，当你走到那片遗址"半山

图43　中国浙江长兴县煤山镇二叠纪—三叠纪界线地层。右下方的大面积石灰岩叠层形成于二叠纪末期，其中含有大量生物化石。位于其上方的石灰岩层则骤然呈现出纹理细密的形态，里面则几乎没有生物化石。在这两类岩层交界处所标志的时间点上，大约90%的海洋动物物种走向了灭绝。安德鲁·H.诺尔拍摄

腰"的位置时，你会发现在大概只有刀刃那么厚的某一地层之上，这些生物化石通通消失了，再没有出现过。而当我们再往山上走，只能看到少量的小型生物化石，主要是蛤蜊和蜗牛。

当我第一次在煤山镇看到这些时，我感到一种惊人的缺失感——繁盛的生命骤然而永久地消失了。可究竟发生了什么呢？要想解答这个问题，首先得研究煤山石灰岩中的火山灰薄层。位于生物化石消失层之下的火山灰岩层形成于 $251.941 ± 0.037$ 百万年前，位于其上的火山灰岩层则形成于 $251.880 ± 0.031$ 百万年前。这两个时间点很重要，因为它们与发生于亚洲大陆千里之外另一端的那次惊人的地质事件——"西伯利亚暗色岩系"事件（Siberian Traps）发生的时间完全吻合。

在地质术语中，"暗色岩"（trap）是指玄武岩或其他暗色火山岩，它们通常层层相叠，形如台阶（瑞典语中"台阶"一词写为"trappa"，与英文"trap"形似）。位于乌拉尔山脉东部的西伯利亚暗色岩系记录下一场巨大的玄武质岩浆喷发事件，"喷发"的岩浆与夏威夷岛上流过的火山岩浆没什么不同。尽管西伯利亚暗色岩系看上去与现在可观测到的火山喷发岩石相似，但它们的范围却大得惊人。从空中俯瞰，那片暗色岩系的范围大概有 300 万平方英里（700 万平方千米），差不多相当于澳大利亚的面积。该暗色岩系大部分区域厚达 8 000 余英尺（2 500 米），据估测，其体积约为 100 万立方英里（400 万立方千米），这比人类或更早的祖先所见过的任何一次火山喷发都要大 100 万倍。利用放射性定年法仔细测定，这片火山岩的形成时间刚好与煤山镇记录的物种大灭绝的时间相吻合。

　　一边是亚洲西部出现过的强烈火山喷发，另一边是煤山镇记录并且世界各地都有观测到的生物灾难，我们要如何将二者联系起来呢？西伯利亚暗色岩虽然范围甚广，但并未覆盖整个地球，可见，全球生物大灭绝的发生并不仅仅缘于火山熔岩的喷发。因此，我们不得不去探索，大规模火山喷发会对全球环境造成怎样的影响。火山喷发后，尽管熔岩在局地流散开来，但却向大气中释放了大量气体，尤其是二氧化碳，而关于二氧化碳会对环境造成哪些影响，我在之前的章节中也有提及。二叠纪末期的火山喷发使得大气及海洋中的二氧化碳含量急剧增加了好多倍。

　　20 多年前，我和朋友理查德·班巴奇（Richard Bambach）开始对二叠纪末生物大灭绝事件产生浓厚兴趣。此前也有一些古生物学者研究过这个问题，他们试图比较已灭绝的物种和幸存下来的物种，从而在地质、环境或分类特征方面找到有意义的规律和模式。我和理查德则不同。我们从生理学角度，即生物与其生存环境之间的联系着手开展研究。我们尤为关注的一个问题是，大气中二氧化碳含量的急剧上升会给生命带来哪些影响。当时，我们对西伯利亚的那次火山喷发还没有什么了解，而且坦白讲，我们提出的大灭绝模型并不正确。尽管如此，我们的研究结果还是很有启发性的。泡在图书馆数月后，我们了解到数十载以来现代生理学家们从实验室研究中得到的知识。高浓度的二氧化碳对许多生物来说都是有害的：不仅会影响其生存环境，也会对其生理造成同样程度的冲击。不过，不同物种受到的冲击程度也不尽相同——有一些承受能力相对较强，还有一些则极为脆弱。我们从化石标本中梳理了一些生物的解剖学及生理学特征，并据此将二叠纪末期海洋动物分为两组，推测其中一组对二氧化碳的骤增具有较强的承受能力，而另一组的承受力则相对较弱。令人惊讶的是，我们的推测与在二叠纪末大灭绝事件中灭绝和幸存的物种记录完全一致，继而证实了将自然灾害与生物灾难联系起来的因素正是二氧化碳及其他火山气体。

导致西伯利亚暗色岩系形成的大规模火山作用向大气中注入了巨量的二氧化碳，由此带来的温室效应致使全球升温。[由于西伯利亚暗色岩系横贯大面积的泥沼区域，因此，被加热的有机物质中可能还释放出甲烷（CH_4）这种气体，从而加剧了温室效应。]温度的升高会使能够溶于海水的氧气的含量降低，从而导致了海水的缺氧，并且缺氧情况在与大气不直接接触的海洋次表层水中更加严重。此外，海水中增加的二氧化碳还降低了海水的 pH 值，也就是我们现在所说的"海洋酸化"。德国生理学家汉斯·奥托·波特纳（Hans Otto Pörtner）致力于研究 21 世纪全球变化对地球生物产生的影响，他将全球变暖、海洋酸化及氧气耗竭称为"致命三剑客"。事实上，这"三剑客"中的任意一个都具有危害生物圈的能力，而当它们同时作用于地球生态系统时，对地球的影响和冲击无疑是叠加的——其中每个因素的影响都会使其他因素的影响变得更加糟糕。此外，二氧化碳含量过高还会直接导致一种名为"高碳酸血症"（Hypercapnia）的生理病症。具体来说就是，当二氧化碳浓度过高时，为体内输送氧气的蛋白质便会与二氧化碳结合，从而阻碍有氧代谢过程。

一些动物主要由碳酸盐骨骼构成，并且它们改变形成其骨骼的流体的生理能力有限。对于这类生物——比如珊瑚来说，高二氧化碳环境及其造成的生理效应会带来更大的影响。与此形成鲜明对照的是，那些代谢速率高、每天都暴露在高二氧化碳环境中的动物就会对高二氧化碳环境具有更高的耐受力，比如那些用鳃或者肺进行呼吸并具有发达循环系统的动物。有了这些常识，我们就可以推测，软体动物、鱼类和节肢动物有较好的耐受能力。二叠纪末期火山大规模喷发后，海洋中生物们的命运的确被它们的生理学机制所决定。所有古生代的珊瑚都消失了——现代海洋中的珊瑚是在大灭绝中幸存下来的海葵内骨骼在三叠纪晚期演变而来的。生理上就像"沙发土豆"[①]的腕足类，在二叠纪海底分布最广、种类最多，在大灭绝中几乎失去了所有的物种。而另一方面，蛤蜊和蜗牛（软体动物）受到的影响却不大。与生理学上的预测一致，较少的鱼类遭到灭绝；十足目甲壳类，那些我们今天餐盘里常见的经典美食如对虾、螃蟹和大龙虾等，从二叠纪一直繁盛到三叠纪。

在陆地上，大多数动植物也能感受到全球环境变化带来的影响，但相对海洋生物，它们遭受的长期影响似乎相对较小，这或许是因为陆生生物不会受到海洋酸化或氧气耗竭的影响，并且它

---

① couch potato，指懒惰和不活跃的人，尤其是花大量时间看电视的人。在此处指腕足类动物多固着于海底或其他外物上，代谢速率低。——编者注

们对温度变化的承受能力更强。总而言之，地球海洋两亿多年来的典型生态模式和生物多样性因此崩塌——并非缘于某个"天外来客"的冲击，而是由于地幔中炽热的岩浆在西伯利亚原野中的猛烈喷发。生物多样性在三叠纪逐渐回升，但不同的生物种类构成了一个与二叠纪完全不同的独特生态系统。物种大灭绝终结了古生代，也开启了中生代；同样地，终结白垩纪的那场灾难关上了中生代的大门，继而催生出我们的新生代。

* * *

虽说西伯利亚暗色岩反映出一派末日景象，但它们绝非独一无二的地质奇观。岩浆在地幔高温的刺激激发下，在大陆和海底大面积喷发而出，这在过去的 3 亿年里发生了 11 次。它们也为另外至少一次的大灭绝以及几次小规模灭绝事件提供了合理的解释。二叠纪末大灭绝事件之后，历史迈进三叠纪（2.52 亿—2.01 亿年前），在大灭绝之后的几百万年中，海洋生命逐渐重新焕发出多样性特征，构成了全新而独特的生态系统。然而，三叠纪的结束一如它开始时那样：大量岩浆再次猛烈喷发，喷发区域呈弧形——从苏格兰西岸的芬格尔山洞（Fingal's Cave）到纽约州帕利塞兹陡崖，一直蔓延至摩洛哥阿特拉斯山脉（Atlas Mountains）的黑色岩壁，还有一部分被埋在今天的亚马孙雨林之下。于是，地球生物多样性再次遭到重创。三叠纪末海洋生物的选择性灭绝特点与二叠纪相似：生物礁损失最为严重。海洋里大约 40% 的属和多达 70% 的种消失了。尽管灭绝的物种数远不及二叠纪末，但仍可谓数量惊人。而在陆地上，由于受到火山作用和气候变化的影响，三叠纪脊椎动物的种类增长也遭到了遏制，在前一章中我们提到，三叠纪晚期的主宰者——鳄目动物的许多种类都灭绝了；而恐龙和哺乳动物的祖先则幸存了下来，导致了中生代晚期生态系统中这一大一小两类生物的崛起。

中生代晚期的地质发现还记录下其他一些事件，比如这一时期出现了多次的海洋缺氧事件，时间上持续数千年。其中至少有两次与大规模火山作用和物种灭绝息息相关，第一次大约发生于 1.83 亿年前，第二次则大约发生于 9 400 万年前。在这些"小规模"灭绝事件中，约有 15%—20% 的海洋生物属类消失。到了白垩纪晚期，地球上又出现了一次大规模火山作用。一些科学家认为，造就印度德干暗色岩（Deccan Traps）的火山作用影响了白垩纪末生物大灭绝的进程：要么是通过直接破坏环境为大灭绝做了铺垫，要么是通过向大气中喷发大量气体从而加剧了环境的恶化。一些放射性测年数据支持前者的推测，而另一些则支持后者。幸运的是，大规模火山作用能让沉积岩留下传递信息的化学指纹，研究揭示，造就德干暗色岩系的火山作用发生的时间要早于白垩纪末生物大灭绝。不过，无论地质记录给出怎样的解读，对事件原因具有最终解释权的还是化石。通过观察分析，白垩纪末期生物大灭绝的情况与其他几次因大规模火山作用导致的灭绝事件截然不同，这也佐证了陨石撞击在很大程度上导致了中生代终结的观点。

*＊＊＊

　　我们需要提及的最后两次生物大灭绝都发生在古生代，而且，无论从原因还是影响来说，这两次灭绝事件都是十分独特的。我们在第五章中了解到，寒武纪和奥陶纪的生物大辐射塑造了这两个时期海洋生态系统的多样性。然而，4.45 亿年前，也就是奥陶纪末期，这种多样性彻底崩塌。而就在同一时期，南半球还经历了一次相对较短（200 万年）但十分显著的冰期。大约有半数海洋动物属类遭到灭绝，但生态结构并没有太大改变，随着地球环境的好转，海底生态群落又基本恢复到了灭绝事件发生前的样子。生活在水中的生物受到了更为严重的冲击，其中，三叶虫和早期脊椎动物的种类都急剧下降。

　　一个令人有些困惑的事实是，奥陶纪末期生物大灭绝与全球性冰川扩张发生的时间刚好重合——因为在此前 260 万年的冰期中（见第八章），至少在海洋生物范围内，仅有小部分物种灭绝。那么，奥陶纪末期的地球究竟有哪些不同点呢？其中一个与海平面有关。我们知道，冰川中的水主要来自海洋，因此，当冰川扩张，海平面就会下降——距离现在最近的一次冰期发生时，海平面下降了约 425 英尺（130 米），奥陶纪末期的情况与之相似。如果海平面的高度从一开始就较低，那么，当冰川范围再度扩大时，海底栖息地范围并不会损失太大。然而，如果本来海平面较高，并且地球上大部分低洼地带都被浅海覆盖着，那么，当大面积冰川扩张时，海平面的降低会使那些低洼地带浮出海面，这样一来，大片浅海生物栖息地就消失了，随之消失的就是那里的生物。这便是奥陶纪的情况。

另一个值得注意的因素是地理。随着气候的变化，如果迁徙路线适宜，动物群落可以迁移至更加宜居的环境。比如，随着 260 万年前冰川范围开始扩大，北美洲东部的植物成功迁移至墨西哥湾附近，并最终得以幸存。而不幸的是，由于阿尔卑斯山脉的阻断，欧洲北部的植物未能迁移他处，最终导致大量物种灭绝。在那些迁徙路线受限的浅海区域，物种灭绝情况最为严重——譬如在佛罗里达州，深海限制了生物向温暖地带迁徙。（不妨想想，如今地球气候变暖，北极熊能迁徙至何处？）赤道山脉和深海区域的出现或许阻碍了奥陶纪末期物种的迁徙之路。无论是迁徙路径的受限，还是大范围栖息地的丧失，奥陶纪末生物大灭绝都与二叠纪末生物大灭绝的情况有所不同，这也许能帮助我们理解，为什么在同样遭受物种大量灭绝的情况下，奥陶纪的生态模式却大都成功延续了下去。

泥盆纪晚期时的生物大灭绝事件可谓塞浦科斯基提出的"五次大灭绝事件"中我们所知最少的一次，那次物种消失的过程持续了较长一段时间（3.93 亿—3.59 亿年前）。腕足动物和其他栖息于海底的生物率先减少，造礁生物紧随其后，最后则是那些依靠喷射液体产生动力的头足类动物。奇怪的是，泥盆纪生物种类的减少所反映的似乎是新物种形成速率的降低，而物种灭绝速率同样很低，这也使得班巴奇和我更愿意称此次事件为"大消耗"（mass depletion），而非典型的"大灭绝"。已有多项研究结果证实，生物多样性减少与物种形成速率相关，不过，这其中的原因仍有待研究。

* * *

从地球上反复出现的多次非同寻常的大灭绝事件当中，我们能总结出什么规律吗？我们没看到灭绝诱因中的共性，因为有的大灭绝缘于陨石冲击，有的缘于冰期，还有的缘于大规模火山作用。生态影响同样也不具有普遍性——不同的灭绝事件所反映的生态影响可以截然不同，生态系统的破坏也并不能与物种急剧减少构成紧密的因果关系。不过，我们在每次事件中的确也能发现一些共同点：环境遭到破坏的速度非常快。这意味着，环境变化的速率与其程度同等重要。当环境变化的速率较低时，种群能够逐渐适应周边环境的改变；而当其变化速率加快时，适应环境或许会变得极具挑战，除了迁徙和灭绝，物种没有其他选择。大灭绝反映出来自地球内部或宇宙"邻居"那些快速而又影响深远的环境破坏。然而，尽管大灭绝的时间进程很短，但重塑生物多样性需要的时间却很漫长——化石记录告诉我们，几次大灭绝后的恢复期都很长，往往需要数十万甚至数百万年。

显然，大灭绝在地球演化史中扮演了十分重要的角色。现在的地球上之所以遍地可见哺乳动物，部分原因正是恐龙的灭绝；也正是在白垩纪末期大灭绝令菊石类生物消失殆尽之后，鱼类才在开阔的海域中繁盛；现在的礁群中包含现代珊瑚、软体动物和螃蟹，这并非因为它们在演化竞赛中打败了古老礁群系统中的床板珊瑚、腕足动物和三叶虫，而是因为大灭绝事件毁灭了那些种群。当你漫步在热带雨林之中，或在珊瑚礁海域浮潜时，你也许会想到，眼前这些生物正是地球上反复出现的大灭绝事件的幸存者。

　　大灭绝会再次发生吗？大型陨石撞击和大规模火山喷发实属罕见，但我们也没理由断定上一次大灭绝就是最后一次。在公元前 43 年，阿拉斯加一座火山的爆发给欧洲带来了严酷的寒冬和大范围粮食歉收，也导致了罗马共和国的陨落。无独有偶，1815 年，印度尼西亚坦博拉火山爆发，数万当地居民因此丧生，连遥远的美国新英格兰地区都因此遭遇了"无夏之年"。此外还有我们熟知的庞贝古城。（那不勒斯本身便坐落于 4 000 年前一次火山爆发的废墟之上。）渐渐地，大型陨石撞击地球的概率越来越小，然而，1908 年发生的通古斯（Tunguska）大爆炸将西伯利亚一处（幸好）人迹罕至之地的 8 000 万棵树夷为了平地，科学家认为，那次爆炸是由一颗冲向地球的彗星或陨石在空中爆炸解体而导致的。

　　幸而在百万年的时间跨度里，那些能够造成全球性破坏的火山喷发或陨石撞击并不多见，所以，我们也不必太过担心这类事件的发生。更令人担心的其实是我们走在街上所看到的景象 —— 在你和你下一代短暂的生命周期内，人类正深深地影响和改变着地球与生命。

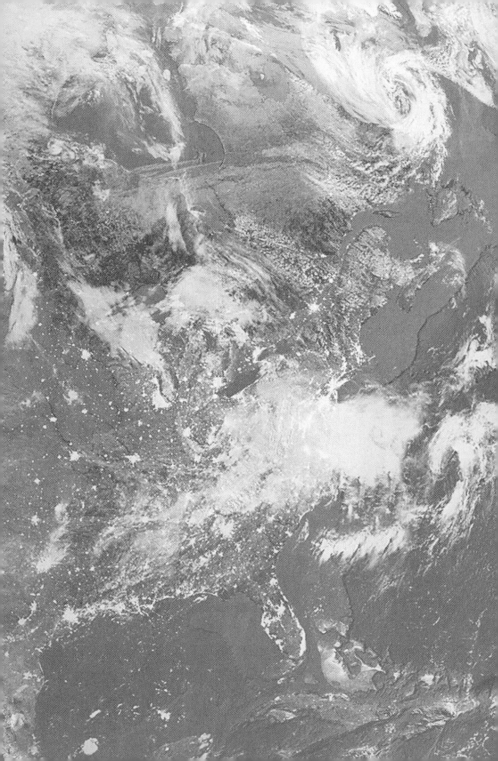

第八章

人类改变地球

未来在你手中

随着 6 600 万年前白垩纪末期灾难的余烬逐渐冷却，我们的地球又翻开了新的篇章。幸存下来的动植物几乎立刻踏上了多样化发展的征程，几十万年后，陆地生态系统得以恢复，再次焕发新生。在接下来的 1 500 万年里，由于大气中的二氧化碳含量相对充盈，温室效应使得已然温暖惬意的地球再次升温。美国的阿拉斯加州遍布棕榈树，而加拿大北极地区也有了鳄鱼的身影。恐龙灭绝后，哺乳动物以各种各样的新方式繁衍生息，种类也越来越多，最终成为陆生生物中最显赫的家族。其中一个物种尤为有趣，它们体形较小，长得好似眼镜猴，居住在热带树丛中，大概以昆虫为食 —— 它们就是最早的灵长类动物，也就是人类的祖先。

进入新生代后，地球上的生命与环境也在互相影响、不断改变。泛大陆解体后的各个大陆也继续着它们在地球上游移的脚步。大西洋的宽度显著增大，而落基山脉、阿尔卑斯山脉和喜马拉雅山脉全部攀升至云霄，威严壮观。山脉的隆起加快了风化的速度，因而降低了大气中的二氧化碳含量；与此同时，移动的大陆板块改变了海水循环的路径。久而久之，地球温度开始下降，棕榈树、鳄鱼及其他喜温物种逐渐离开高纬度地区，大陆腹地的森林逐渐被草原取代。大约 3 500 万年前，冰川开始覆盖南极地区。

在地球不断变幻的大背景下，灵长类动物的足迹遍及世界各地，也演化出一系列不同的种类，其中包括狐猴、眼镜猴、我们常见的猴类以及人类自己的直系祖先——类人猿。我们祖先的故事开始于 700 万—600 万年前，全球变冷预示了下一次冰期的到来。在非洲，随着大陆内部逐渐干燥，越来越多的开阔林地和草原替代了原有的森林，这就意味着，一些物种的栖息地环境发生了变化，于是，一个新的类人猿谱系从它的近亲——以现在的黑猩猩和倭黑猩猩为代表的谱系中分化出来。这些被称为"人族"（hominins）的新型猿类大体与黑猩猩相似：身形不大，大脑较小，鼻部突出，手臂较长，并且有弯曲的长手指，方便它们在树顶之间穿梭。然而，人族与其他猿类有一个关键的区别：它们可以直立行走。

在所有类人猿当中，只有人类能够直立行走，我们的各种姿势以及活动能力得益于一系列身体构造上的适应性进化。比如我们的脊柱下部可以弯曲，以便保持与直立上身之间的平衡；骨盆位置也发生了变化，这样更有助于控制用于行走的肌肉组织；我们垂直方向生长的脖子使得我们的头部能够处于身体的正上方；我们的脚部具有足弓，还有明显的脚后跟。上述这些我们都有的特征，一定程度上来说，早期人族也有。形成于 700 万—600 万年前的岩石中留存有人族骨骼化石碎片，它们为我们提供了不少

关于人类祖先的信息，而最重要的信息来自埃塞俄比亚一处 440
万年前岩层中的一副保存完好的年轻女性骨骼化石。科学家将该
化石所属的物种命名为"始祖地猿"（Ardipithecus ramidus），简
称"雅蒂"（Ardi）。雅蒂的许多特征很可能也是人类和黑猩猩的
共同祖先所具有的——善于攀爬，在林间穿梭自如。但雅蒂也
会在开阔的丛林中搜寻果子和其他食物。用查尔斯·达尔文于一
个多世纪之前提出的理论来看，双足行走的能力解放了雅蒂的双
手，她便可以用手去制造和使用工具。可见，双足直立行走正是
雅蒂及其同族向人类进化发展的开始（图 44）。

在雅蒂生活的年代之后不久，一个新的人族种群出现了，我
们称之为"南方古猿"（australopithecines）。这些类人猿与早期
古人类身形相似，但二者几个重要的不同之处使南方古猿在进化
成为人类的道路上又迈进了一步。我们虽不清楚他们有多少不同
的种类，但目前发现的属种有十余个，而且都发现于非洲。南方
古猿的骨骼并没什么特别之处，但科学家发现，有一副骨骼化石
展现了他们的迥异之处。露西（Lucy）恐怕是人类出现以前所有
人族动物里最有名的一个。她生活于距今 320 万年前，被发现于
埃塞俄比亚。她的名字来自披头士乐队一度十分流行的歌曲《露
西在缀满钻石的天空中》（"Lucy in the Sky with Diamonds"）。
露西的身形与黑猩猩和雅蒂相仿，但她的大脑明显更大一些。露
西仍然是优雅穿梭于林间的攀爬高手，不过，她的臀部更宽，足
弓更明显，脚趾更短小，这些都说明，在直立行走方面，露西比
此前的人族更加得心应手。露西的牙齿也很独特，较大的磨牙

人类

现在

丹尼索瓦人

100 万年前　尼安德特人

智人

佛罗里斯人

海德堡人

先驱人

纳莱迪人

200 万年前　　鲁道夫人　直立人

能人

300 万年前

400 万年前

500 万年前　　始祖地猿

卡达巴地猿人　　　　　　**早期人族**

600 万年前　　　图根原人

700 万年前　　　乍得沙赫人

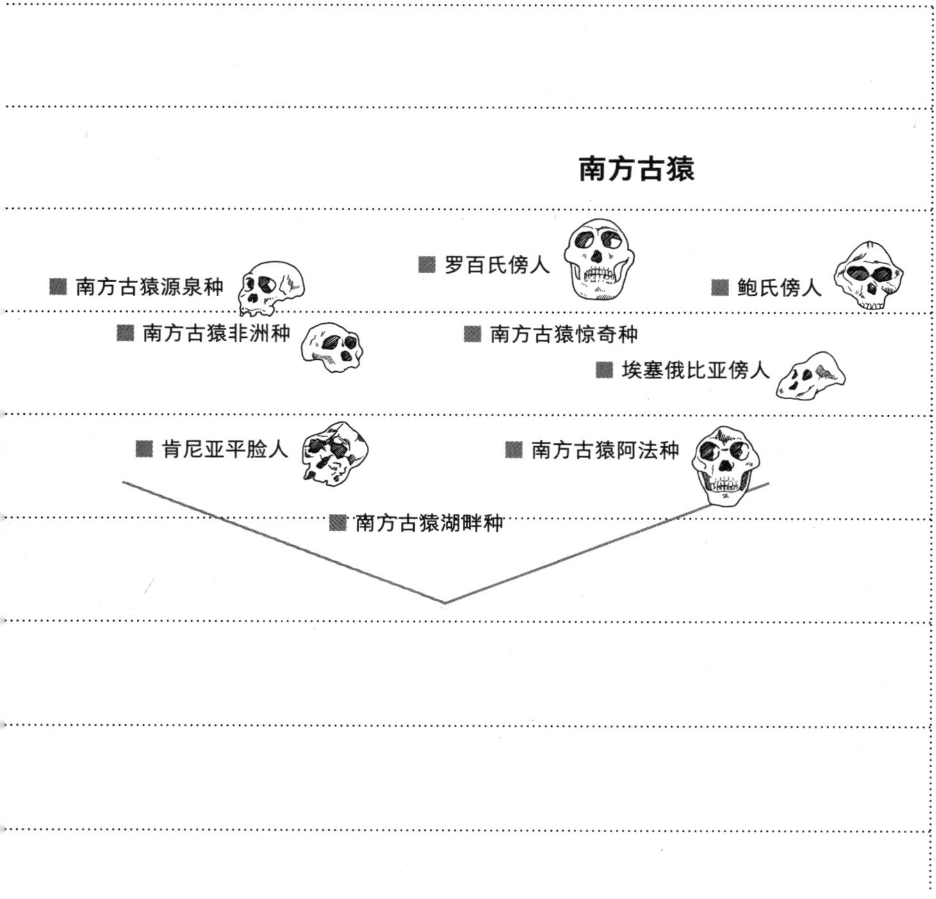

南方古猿

■ 南方古猿源泉种

■ 罗百氏傍人

■ 鲍氏傍人

■ 南方古猿非洲种

■ 南方古猿惊奇种

■ 埃塞俄比亚傍人

■ 肯尼亚平脸人

■ 南方古猿阿法种

■ 南方古猿湖畔种

图 44　过去 700 万年中的人族多样性。从图中可以看出，人族曾演化出众多属种，而人类是唯一存活下来的支系。

更适合进行长时间的咀嚼行为。古人类学家认为，与黑猩猩和更早期的人族相比，露西及其亲族食用果实的情况相对较少，他们主要以宽阔丛林中觅得的一些坚硬的块茎、种子、叶子和茎干为食。

随后，又有两例化石证据为我们了解南方古猿的生物特征提供了帮助。1976年，考古学家玛丽·利基（Mary Leakey）在坦桑尼亚发现了一系列370万年前的脚印（化石）：一个男人、一个女人和一个孩子阔步走过一片潮湿的火山灰地带，并留下了长达90英尺（约27米）的行走轨迹，他们的脚印最终被深厚的火山灰所掩埋。生物学家能从你在泥路上留下的脚印推断出你的步态，而依据在坦桑尼亚发现的那些脚印推测，南方古猿可谓徒步行走的能手，他们一天中的大部分时间都在地面上活动，而非穿梭于树冠间。

另一个证据同样意义非凡。那是一套已知现存最古老的工具，发现于非洲的肯尼亚，距今已有330万年。这些工具表明，南方古猿（我们并不知道具体是哪一属种）曾利用大石块磕出锋利的石片来制作工具。1957年，英国人类学家肯尼思·奥克利（Kenneth Oakley）撰写了一本颇有影响力的书——《人类：工具的制造者》（*Man the Toolmaker*）。其他物种只会选择身边现成的东西作为简单的工具，人类却有着与众不同的能力——我们能够设计、制造具有不同功能的工具。肯尼亚出土的那些工具虽然简单无奇，但它们充分说明：在人类这一物种出现之前，我们的祖先就已经为通往汽车、计算机、飞盘等高级工具的"进化之路"铺设了起点。

＊　＊　＊

　　智人（*Homo sapiens*），也就是我们人类，是人属（*Homo*）中仅存的一支物种，当真是唯一活下来的人族（图 44）。人们借助化石标本认定了另外 13 个人属物种（其中 11 个拥有正式的学名），但他们都已灭绝。200 多万年前，与我们人类血缘关系最密切的近亲物种开始在非洲繁衍，并演化出越来越多的物种，发展情况大体如他们的祖先人族一样。我们最了解的人属物种是直立人（*Homo erectus*）。其化石发现于 190 万—25 万年前的岩石中。直立人之所以受到广泛关注，除去许多保存极好的骨骼化石之外，还有以下两点原因：首先，其身体构造介于南方古猿与现代人类之间，骨骼结构更接近人类，大脑的尺寸则介于露西与人类之间；其次，与此前的人族不同，直立人繁衍发展的足迹并不仅限于非洲，更遍布了欧亚大陆。那个时候，我们的祖先已经稳稳扎根陆地，以狩猎和采集为生。动物骨骼上留下的切割痕迹表明，直立人会宰杀他们的猎物，而在地球彻底陷入冰期之时，那些猎物也成了直立人获取营养物质的重要来源。他们很可能也会分享捕获的猎物，就像现在的狩猎采集者们（hunter-gatherers）那样，以此增强族群的凝聚力。

　　已知最古老的智人化石发现于摩洛哥，其历史可追溯至 30 万年前。而在那之前不久，人类才开始使用复杂工具，并广泛使用和控制火。可见，智人这一物种是伴随着"新兴技术"而出现的。你也许不会想到，在那个冰期，还有至少3个人种与我们的直系祖先共同生活在地球上。其中，最为知名的当数尼安德特人，他们常被描绘得笨拙而野蛮，但实际上，他们是相当聪慧的狩猎采集者，会使用各种各样的工具，他们的大脑比我们人类还要更大一些。人属的另一个分支是佛罗里斯人（*Homo floresiensis*），他们身形很小，被称为"霍比特人"，人们前不久才在印度尼西亚发现他们的化石。此外还有丹尼索瓦人（Denisovians），不过，人类对他们的了解仅基于为数不多的化石碎片，这些不完整的化石出土于西伯利亚一些形成于5万—3万年前的岩洞中，其中一根手指骨上留存的DNA信息，表明了他们与其他人种的不同。借助这些化石，我们现在掌握了尼安德特人和丹尼索瓦人的基因组，也因此得知，现代人类、尼安德特人、丹尼索瓦人之间具有亲缘关系，不仅如此，这三者之间偶尔也有杂交情况的发生。大多数人类的DNA里仍包含着一小部分尼安德特人的基因；美拉尼西亚人、澳大利亚土著人以及一部分亚洲人则保留着一些丹尼索瓦人的基因。我们的基因将以上这些演化历史活生生地展现出来。

早期人类仅生活在非洲，但在大约10万多年前，一群人将脚步迈向了更广阔的世界，最终与尼安德特人共同生活在当今以色列所在的地区。紧接着，在7万—5万年前，人类这一物种迅速发展，足迹遍布亚洲和欧洲。那么，当时生活在地球上的那些勇猛无畏的人类究竟是什么样子呢？

位于德国图宾根的古文化博物馆有一间没有窗户的房间，那里陈列着各种象牙雕刻的小型动物像，如珠宝般熠熠发光（图45）。

这些动物雕像发现于德国西南部的一个岩洞里，活灵活现地呈现了猛犸象、马、大型猫科动物等众多动物形象。这些有着 4 万年历史的动物雕像是目前已知最古老的具象艺术范例。在旁边的一个山洞中还出土了一件女人雕像，同样为猛犸象牙雕制品。该女人像的历史与那些动物雕像相仿，它也成了已知最早描绘人类形象的作品。在东半球各处，我们还找到了与这些早期雕刻同一时期的大量洞穴壁画，表现内容包括各种动物，以及有可能是神灵的形象。现存最古老的洞穴壁画发现于印度尼西亚，距今已有 4.4 万年的历史，穴壁上刻绘的狩猎者形象半人半兽，既具神性，又富有艺术性（图 46）。那个时代的工具同样反映出一场新技术革命：不仅有大量石制工具，更有细致锻造的锥子、针，甚至还有骨头做的笛子。虽然古老的骨骼化石无法用于判断语言的出现，但我们或许可以推测，人类这一至关重要的能力也是在那段时间发展出来的。我们不清楚为何那时会出现这些改变，但是，正如古人类学者丹尼尔·利伯曼（Daniel Lieberman）说的那样，"无论如何，（那时的）人们开始以与之前不同的方式来思考和行动"。终于，人类走到了最后，赢得了"现代"的头衔。

柏拉图曾讲过这样一个故事［美国学者阿德里安娜·梅厄（Adrienne Mayor）在其颇为有趣的著作《诸神与机器人》（*Gods and Robots*）中也曾叙述过］：当诸神创造动物时，他们将赐予动物能力的任务指派给了普罗米修斯和厄庇米修斯两兄弟。厄庇米修斯尤为享受这项任务，他让猎豹拥有飞快的速度，螃蟹拥有坚硬的"铠甲"，大象拥有庞大的身躯。但不幸的是，由于人类

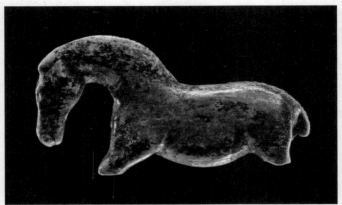

图 45

图 46

图 45、图 46 人类演化中的一大步。图 45 中精致的象牙制动物雕像，距今已有近 4 万年。图 46 展示的是已知最古老的洞穴壁画，发现于印度尼西亚，其历史可追溯至 4.4 万年前。图 45 由图宾根大学表物馆（MUT）J. 利普塔克（J. Lipták）提供；图 46 由拉特诺·萨尔迪（Ratno Sardi）拍摄，格里菲斯大学（Griffith University）亚当·布鲁姆（Adam Brumm）提供

排在队伍的最后，轮到人类被赋予能力的时候，他已经把所有厉害的能力都分配出去了。好在，普罗米修斯意识到，人类急需一些能在广阔世界生活的能力，于是，他给了人类语言、火种和技术，而这些都是从诸神那里偷来的。这个故事很有意思，而且，它其实与人类学家的观点异常接近：有语言、对火的控制和工具制造能力的加持，人类才真正与其他动物区隔开来。

毋庸置疑，在我们的祖先适应非洲不断变化的地理环境的过程中，环境的变化也塑造了人类进化的历程。然而，地球漫长的历史表明，生物不仅会适应它们所处的环境，更会改造环境。从这个角度来讲，人类也不例外。当然，我们人类确实是动物界里的"例外"，但这并非因为我们对地球的影响甚微，而正是因为我们带来的影响异常之大。智人的出现和发展改变和塑造了这个世界，而今天，我们仍在用前所未有的方式改变着世界，为地球和生命的交响曲谱写着最新的乐章。

两万年前，冰川覆盖了北美洲的北半部。冰川南部边界穿过现在美国的科德角（Cape Cod），直至蒙大拿州，冻原、草原、云杉森林为各类哺乳动物提供了绝佳的栖息环境，那里曾生活着猛犸象、乳齿象、披毛犀、洞熊、冰原狼、洞狮，还有剑齿虎、马、骆驼、大地懒，以及已经灭绝的犰狳类动物雕齿兽，其体形可与一辆大众甲壳虫汽车媲美。而在大约一万年前，上述物种全部灭绝了。究竟发生了什么呢？

大约 1.5 万年前，冰川开始融化，在最后一次寒流过后，地球开始迅速升温，该过程大约从 1.3 万年前持续到 1 万年前，最终迎来了我们现在所处的温暖的间冰期。我更愿称之为"间冰期",而非"后冰期",因为在过去的百万年里,由于受到地球绕日轨道规律变化的控制,寒冷的冰期与温暖的间冰期以大约10万年的周期不断交替出现。因此,我们没理由相信,地球现在所处的温暖间冰期不会在未来走向新的冰期。至少在人类进入工业社会前,人们没理由这样想。

1.3 万—1 万年前,随着北美洲温带气候的范围越来越大,各种植物逐渐北迁,形成了完全不同于现在的植物群落组合。许多科学家都猜测,当时不断变化的环境与陌生的植被导致了哺乳动物数量的骤然下降。环境压力的确可能为哺乳动物的灭绝埋下伏笔,但实际上,在此前的百万年中,相似的气候变化也在不断发生,但都未出现过数量如此之大的物种灭绝情况。它们的灭绝似乎另有隐情。

那个"隐情"就是智人。尽管此前的人类已经在非洲和欧亚大陆生活了很久,但他们并未抵达过美洲"新世界"——直到最后一次冰川消退。最近,有考古学家证实,在 1.65 万—1.63 万年前,人类曾在美国爱达荷州的鲑鱼河(Salmon River)地区生活过,这也是有证据证明的人类从东北亚向北美洲的第一拨迁徙行为,路线可能是沿着太平洋海岸进行。因为最先发现于美国新墨西哥州的克洛维斯,我们称那群移民为"克洛维斯人"(Clovis),他们迅速发展壮大,并刚好在那些体形较大的哺乳动物灭绝前造出了新式的复杂工具。猎杀与屠宰地点之多反映出克洛维斯文化与狩猎紧密相关,而这也恰恰表明,人类活动是北美洲大型哺乳动物灭绝的主要原因。当然，它们灭绝的原因十有八九既有狩猎活动，也包括环境变化，不过，倘若没有人类，如今北美洲的动物群落恐怕会是另一番景象。5万—4万年前，人类登陆澳大利亚，而他们到来的时间刚好也与当地本土动物数量减少的时间相吻合。反过来看，西伯利亚北部楚科奇海（Chukchi Sea）上有座名为弗兰格尔岛（Wrangell Island）的孤岛，那里无人栖居，猛犸象也因此得以在那里一直生活下去，直到4 000年前才灭绝。倘若埃及法老知道弗兰格尔岛上生活着猛犸象，八成会借游行盛典之名把它们捉回去。

可见，人类老早就对地球生物圈产生了很大的影响，而我们带来的影响还会随着时间的推移而快速增强。人类对地球的第二次，也是具有决定性作用的影响始于1.1万年前，范围南起以色列、约旦，向北直至叙利亚、土耳其、伊拉克的一块月牙形地带。在那里，人们率先发展了农业，学会了种植无花果、大麦、鹰嘴豆和扁豆。在随后的1 000年里，人们又驯化了绵羊、山羊、猪和牛。接着，世界上的几个不同地区分别独立发展起了农业，其中包括中国（9 000年前）、中美洲（1万年前）、安第斯山地区（7 000年前）以及撒哈拉以南非洲的部分地区（6 500年前）。现在，人们多对上述人类文明变革感到一丝惋惜，因为农业取代狩猎与采集活动之后，人们需要完成的工作越来越多，但饮食结构却没有此前那样营养丰富、健康可靠。事实或许如此，但那些享受着手机和电影带来的快乐，或者抗癌成功的人，可能会积极地看待农业变迁发展带来的社会结构重组的好处。因为，人类发展农业之后，生产更多食物所需要的劳动力反而减少了，这也使得人们开始了对艺术、发明创造以及商业贸易的追求。

当然，随着农业与畜牧业的发展，人类对自然的影响程度也在成比例增长。城镇规模不断扩大，其中一些随后发展为城市。人口数量不断增多，商业贸易范围越来越大。尽管如此，最初人类留下的环境足迹增长相对缓慢。假如生活在公元前，或是公元一千年左右，你的生活以及人类对地球的影响大体相差不多。人类的整体数量在那一千年里并未有多大改变，基本稳定在两亿左右。然而，自人类懂得开发利用脚下的能源开始，无论是人口数量、科技创新活动，还是人类对环境的影响，均进入高速增长阶段——在仅仅两百年里，人类完成了从骡马拉车到蒸汽火车，再到汽油、喷气燃料的发展过程。1800 年前后，全球人口数量跃过 10 亿大关，1930 年达到 20 亿，1975 年则达到了 40 亿。而且，40 亿这个数字在未来十年内还将翻一番。随着人口数量的增长，我们每个人对环境的影响也在显著扩大。自 19 世纪起，人类对化石燃料的开采便未曾间断过，但在二战之后，人们对该能源的使用量却增长了十倍。

* * *

从某些角度来说，工业革命开启了人类的黄金时代。随着公共医疗卫生水平的提升以及世界各地广泛（虽不太均衡）的繁荣发展，全球人口数量迅速增长。然而，人类那些让全球 70 亿人衣食无忧的发明创造，如今却像老虎钳一样紧紧地扼住了地球。压力来自两方面——一方面是对生物的直接影响，另一方面是对地理环境日益深远的影响。关于第一方面的一个经典实例是，现在的农业用地覆盖了地球上一半的可栖居地表，迫使众多植物、动物及微生物离开了曾经的家园。此外，人类活动所产生的污染也是对自然生态系统的严峻冲击，对空气、水、土壤和海洋都产生了负面影响。当然，环境污染也让人类遭受了相应的惩罚——譬如印度德里的空气污染，以及美国密歇根州弗林特市的水污染。同时，它更给自然群落带来了生物种类减少、生产力下降、生态恢复能力减弱等问题，几乎任何生态系统都无法避免。

　　为了说明这个观点，我们不妨看看墨西哥湾及其他沿海地区的那些被冠以"死亡地带"这一恶名的地方。整个北美洲中部地区，农民在小麦和玉米地里播撒了大量的化肥。施肥确实促进增产，但化肥中大部分营养物质其实并未被生长的植物所吸收，相反，它们随着雨水和地下水流入了江河，最终涌入了墨西哥湾。终于，化肥在海湾附近的海水中发挥了它的真正作用，促进了藻类的季节性爆发。随着藻类物质沉入海底，它们又会被具有呼吸作用的细菌所消化吸收，致使周边海水中的氧气含量减少，而由于缺少生长和新陈代谢所需的氧气，海底或海底附近海域的动物大量死亡。1988年，人们首次意识到墨西哥湾"死亡地带"的严重问题，当时该区域覆盖的面积为15平方英里（约39平方千米）；而到了2017年，该"死亡地带"已经蔓延至8 776平方英里（约22 730平方千米）——与新泽西州的面积差不多。迄今为止，人们发现并记录下的"死亡地带"遍布世界各地，数量更是多达几百个，而它们对海洋生物的影响都是致命的。

人类对生物多样性的直接影响的另一些体现是，我们为了获取食物或发展商业贸易而选择性地利用某些种类的植物和动物，从而导致它们的生物量锐减；此外我们还会把动植物从它们的家园带到其他遥远的地方，使它们成为当地的入侵物种。犀牛是地球上最为独特、雄伟的动物之一，而它们现在已经成为人类过度利用的受害者代表。在亚洲部分地区，一些人因（凭空）认为犀牛角中含有催情的化学成分而对犀牛角趋之若鹜，非洲、亚洲的犀牛也因此长期遭到偷猎，导致犀牛现已濒临灭绝。曾遍布非洲中部的北白犀，已无野生种群痕迹。在世界各地，人类的狩猎活动已经导致鸟类和哺乳动物的数量大规模减少，许多物种——无论是大秃鹰还是大象，都将需要人为干预和保护，才能得以存活至我们孙辈所生活的年代。

与陆地相比，海洋给我们大多数人的印象是浩瀚而原始的，似乎不会受到人类的劫掠和破坏。然而近些年，我们不断发现，这不过是人类的假想而已。我们只需看看世界各地的商业性水产行业，便可意识到过度捕捞造成的负面影响。全球约有 3 亿人的蛋白质摄入来自海鲜，而在最近几十年里，全球有 1/6 的渔场倒闭。30% 的商业鱼类资源捕捞已超过可持续发展的最大限度，而剩余 70% 中，绝大多数的捕捞也逼近了生态发展的极限。纽芬兰岛大浅滩（Grand Banks）鳕鱼渔业的崩溃，无疑表明了事态已经发展到了多么糟糕的地步。1958 年，那里曾拥有 80 万吨鳕鱼产量，然而在 1992 年，该地却宣告其鳕鱼种类已商业性灭绝，这一结果也改变了纽芬兰岛特有的文化结构。随后，商业捕捞被禁，但将近三十年过去了，那里的鳕鱼数量仍未复原。

而海洋的深邃无垠也未能使其免受污染的伤害。据估计，每分钟都有大约一辆垃圾车规模的塑料被排入海洋，造成许多海域中越来越多的动物种群死亡。

* * *

百余年来，栖息地的破坏、环境的污染、过度利用以及入侵物种的出现，逐渐削弱了地球自然生态系统。自被欧洲殖民以来，澳大利亚有超过 10% 的本土哺乳动物种类灭绝；1970 年至今，北美洲鸟类数量减少了近 30%；在过去十年里，欧洲草原中的昆虫数量骤减近 80%。这些令人深思的数据，很大程度上反映了上述人类对地球的破坏活动。而我们的孙辈将看到的人类对地球最深远的影响才刚刚开始。21 世纪以来，人类对生物栖息地的破坏仍在继续，未来也不会停止，而与此同时，地球本身也将发生巨大的变化。接下来，地球将面临的严峻问题是全球变暖 —— 这正是人类参与碳循环活动给地球带来的改变。

想要理解这场"环境风暴"的形成，我们必须再次将焦点转回到二氧化碳与气候之间的基本关系，以及地球与生命在碳循环中的相互作用。前面我们讲过，植物及其他光合生物吸收空气与水中的二氧化碳，以此将碳元素固定到生长与繁殖所需的生物分子中。而动物、菌类及无数微生物则通过呼吸作用吸收这些分子来获取能量，再将碳元素以二氧化碳的形式返还到环境中。光合作用与呼吸作用几乎但不完全相互平衡，所谓"不完全"的部分就在于那些未能参与呼吸作用及相关过程的有机物质最终会形成沉积。一段时间后，其中一些被掩埋的有机沉积物会形成石油、煤炭和天然气。因各板块运动而升至山上的沉积物历经化学风化与侵蚀，会重新回到地表碳循环中，但该过程极其漫长，通常需要几百万年的时间。至少在工业革命之前，地球就是这样运转的。

在碳循环的物理过程里，火山喷发会将二氧化碳释放到大气中，而化学风化则会将其移除，最终，碳元素会沉积于石灰岩中。上述这些过程共同决定了大气中的二氧化碳含量。二氧化碳属于强劲的温室气体，会随着时间的推移调控气候变化。我们在第七章中了解到，在 2.52 亿年前的二叠纪末期，大规模的火山爆发使得大气中的二氧化碳大量增加，最终导致了全球变暖、海洋酸化（即具有重要生态意义的海水 pH 值的降低）以及海水中的氧气耗竭。无论是在陆地上或海洋中，生物多样性均遭到了严重破坏。在火山喷发之后的高温环境中，化学风化速度不断增加，经过千万年的时间后，大气中的二氧化碳含量才又回到了火山爆发前的水平。

火山或许是使碳循环失常的自然机制，未料人类却引入了同样强大的搅动碳循环的新机制——燃烧消耗化石燃料，为发展农业而砍伐森林。耗费数亿年形成的煤炭、石油和天然气中的碳元素，如今又以极快的速度回到大气中。自21世纪以来，人类对大气中二氧化碳排放量的"贡献"是世界上所有火山排放总量的100倍。不过，在令大气及海洋中二氧化碳含量急剧增加的同时，拥有高科技力量的我们却（还）没有对减少大气中的二氧化碳付诸任何行动，因此，我们周遭空气中的二氧化碳含量仍在增加。

最终，随着地球温度的升高，化学风化速度也将越来越快，大气中的二氧化碳含量将会重新找回平衡，就像二叠纪末期那样，然而，该过程也会同样漫长，将耗费数千年之久。我们这一代以及我们的下两代都不会看到二氧化碳含量的下降。

我们之所以知道大气中二氧化碳含量增加，是因为我们可以测量这一数据（图47）。1958年，查尔斯·大卫·基林（Charles David Keeling）开始监测大气中的气体构成，并一直持续到今天。他的监测项目记录了夏威夷冒纳罗亚火山（Mauna Loa）山顶测量站每小时的监测数据。在基林最初开始监测时，夏威夷上空空气中的二氧化碳含量占比为百万分之316。截至2020年5月，该数值已增加至百万分之417，而地球上一次出现类似数值的时间还是数百万年之前。在世界不发生巨大社会变革的前提下，到21世纪中叶，该数值将达到百万分之500，彼时的大气情况与南极冰川开始形成之前的那个温暖世界的大气情况相当，而这种情况也是人类或我们的人族祖先皆未经历过的。

我们之所以知道观察到的大气二氧化碳增加主要是由化石燃料燃烧排放所造成的，是因为燃烧排放的二氧化碳具有可识别

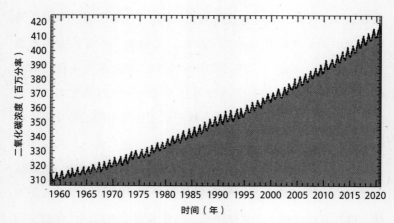

图 47 自 1958 年起在夏威夷冒纳罗亚火山顶部测量站收集到的大气中二氧化碳含量检测数据（以小时计）。其小幅度的年度变化反映出，北半球的陆地面积较南半球陆地面积大，因此，北半球夏天所经历的光合作用更多，继而使得其二氧化碳含量有所降低。在北半球的冬天，光合作用减缓，但呼吸作用仍保持原有速率，因而使得大气中的二氧化碳含量又得到恢复。图片由斯克里普斯海洋研究所（Scripps Institution of Oceanography）提供

的化学信号。过去 60 年来，一些科学家测量了大气二氧化碳的含量，而另一些科学家则测量了其中的碳同位素。碳元素的两个稳定同位素碳-12 和碳-13 的比值，在地球上不同来源的碳储备中存在差异，因此，我们可以利用这一差异准确定位大气中增加的二氧化碳来自何处。经与测算数值比对，大气中增加的二氧化碳的碳同位素比值，既与火山喷发出的二氧化碳并不匹配，也与海水中消解的二氧化碳不匹配，也就是说，无论是火山还是海水的二氧化碳，都无法解释大气中二氧化碳的同位素变化。与之相反，科学家在光合作用过程中形成的有机物质那里得到了匹配的答案。单凭稳定碳同位素提供的证据，大气中二氧化碳的增量可

能源于砍伐森林或化石燃料的燃烧，但当我们引入第三个碳元素的同位素——碳-14后，答案则一目了然。由于碳-14具有放射性，会在数千年的时间段里逐渐衰变为氮，现在地球上生长的生物中均存在一定的碳-14含量，但在百万年前形成的化石燃料中却无法检测到。测量数据显示，大气里二氧化碳中的碳-14占比日趋下降，且其下降的方式反映出大气中二氧化碳的主要来源为煤炭、石油与天然气，这些都是人类为迅速增长的世界人口提供能量与热量而燃烧的自然能源。

既然我们向大气中释放了温室气体，那么我们应该会预想到地表温度的升高，事实正是如此——同样，我们对此也能进行测算（图48）。现在，我们可以使用卫星对地球进行监测。对于一百年之前的温度，人们必须依赖一些较为古老的气象及海洋记录数据，其中不免有一些不确定因素。尽管如此，科学界已达成共识：在过去几百年里，地球表面平均温度升高了将近1℃，与低纬度地区相比，南北两极地区升温速度更快。世界多国于2016年签署了《巴黎协定》，承诺将全球平均气温较工业化前的数值上升幅度控制在2℃以内。现在，我们只有1℃的"挥霍"余地了。尽管成功实现该目标的好处极多，但如果我们不持续改变自身的生活方式，人类终将功亏一篑。

地球变暖究竟会带来哪些后果呢？在一定程度上，这取决于你身处地球的什么位置：位置佳则胜，位置劣则败。最近的一份估测数据显示，到2050年，多伦多的气候将与今日的华盛顿相差无几。一些加拿大人或许很期待降雪减少的日子，但我们不妨

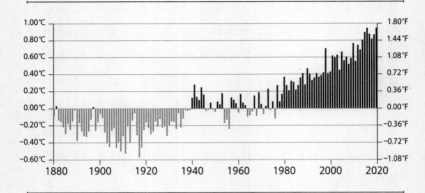

图 48 过去 140 年间的全球温度变化。该图以 20 世纪五月份全球平均气温值为基准，记录下了 1880 年至 2020 年间全球气温与基准值的差距。1940 年前，全球气温皆在基准值之下，自 1978 年起，全球气温持续高于基准值，并呈逐年上升趋势。图片来自 NOAA Climate.gov

为华盛顿的居民想想，待到 2050 年，暑热与暑湿的程度将远超已经十分闷热的今天。布鲁金斯学会（Brookings Institution）的一份研究表明，与加拿大接壤的美国各州至少将会因 21 世纪的气候变化而实现经济受益。与之相反，美国南部各州则将为之付出经济代价，部分县镇的经济损失将超过现有收入的 15%。一些人会认为这是理想的赏罚报应 —— 那些广泛持有"气候变化否定论"观点的地区将承担最大的经济损失，但终有一天，我们全人类都会为地球变暖付出惨重代价。而随着气温不断变化，地球上的降水量也将随之变化。水资源的可利用量已然成为地缘政治中的导火索，而随着 21 世纪的人类发展，水资源也将变得更加重要。据估计，美国西南部、中东人口密集地区、非洲西南部、伊比利亚半岛等更多地区的降雨量都将减少。全球约有 20 亿人口依赖于低纬度地区高山冰川季节性融化的水资源，而随着全球温度的升高，冰川面积也将缩减，最终甚至会完全消失，那么这部分水资源也将减少甚至枯竭。

如今，极端天气日益频发，而它也为 21 世纪及地球的未来带来了另一个巨大挑战。美国加利福尼亚州和澳大利亚极具毁灭性的森林大火无疑反映了地球变暖和干燥，而这些状况在过去出现的频率并不高。毫无疑问，我们最担心的是，随着全球气候变化速度不断加剧，极端天气将在世界范围内愈发普遍。

那自然界会变成什么样子呢？在经历了栖息地的破坏、自然资源的过度开发利用、环境污染、物种入侵之后，又背上全球气候变化这座"大山"，动植物和微生物又将何去何从？面对环境改变，生物种群将会面临三种结果：适应、迁移（在迁徙过程中找到其优选栖息地），或是灭绝。生物学家的确已经记录到一些种群迅速适应新环境的惊人案例，但 21 世纪全球变化速率之高对许多物种来说仍是非常艰难的挑战。迁移的难度也很大，因为进入 21 世纪后，农田、城市、高速公路可能会迫使一些物种改变迁徙路线。在这种情况下，我们该如何最大限度地避免物种的灭绝呢？

在保护那些栖息地遭受破坏的物种方面，国家公园、动物庇护所及其他生物保护地起到了至关重要的作用。我们需要现有的动物庇护所，庇护所的扩建也将使人类受益匪浅。然而，倘若保护区的气候不断变化，我们对物种的保护又能实现几成呢？为物种迁徙构建迁徙走廊的确会有所帮助，但无论保护与否，气候变化都将改变许多物种的分布情况。过去从未相逢的物种将在同一片土地上相遇，从而对物种竞争及生态可持续发展造成几乎无法预知的后果。

面对不断加速的气候变化，海洋似乎再次表现得无动于衷，它的浩瀚似乎足以使其免受人类活动的影响。然而，我们的感觉再次大错特错。一方面，随着冰川的融化，海平面不断升高，升温的海域越来越大。20世纪，全球海平面平均升高了6—8英寸（15—20厘米），近些年的增速更快。尽管对于2100年的预测有着许多不确定因素，但大多预测都显示，届时海平面将再度升高20—40英寸（50—100厘米）。听上去涨幅似乎也不大，但倘若你住在威尼斯、孟加拉地区、太平洋环礁或是美国佛罗里达州，海平面的变化将彻底改变你的生活。随着海平面的上升，海水的物理性质也将改变。不出意料，当大气中的二氧化碳含量升高，海洋也会变得越来越温暖，如陆地上发生的一样。而随着海水温度的升高，它承载氧气的能力就会降低，因此，海洋中的氧气也会减少，较深的水域尤甚。而且，只要海洋吸收人类活动产生的大部分二氧化碳，海水的pH值就将降低（即海洋酸化）。没错，因二叠纪末期火山喷发而起的"致命三剑客"将在21世纪强势回归。事实上，它们已经开始"动手"了。

如世界其他地方一样，澳大利亚的大堡礁也面临着因地球不断变化而导致的各种挑战。这片壮美的项链形珊瑚礁绵延1400英里（约2300千米）有余，数百万年来，它一直装点着澳大利亚东北海岸，在保护陆地免受暴风侵袭的同时，也供养着种类众多的生物。尽管它的历史如此悠久，但最近的一份调查研究显示，在1987年至2012年间，农业灌溉排入海洋中的过剩营养物质导致海星数量激增，加之飓风的侵袭，使得大堡礁失去了约50%的珊瑚。如今，随着海水温度的上升以及海水pH值的下降，大堡礁面临的危机越来越严重。数十份实验室及实地考察结果表明，海水pH值的下降导致珊瑚分泌堆积碳酸盐骨骼的能力不断减弱。因此，随着海洋酸化的加剧，珊瑚群或许再也无法建造由碳酸盐骨骼支撑起来的"珊瑚礁"，也再不能维系其生物多样性。而海水温度升高还引发了另一个问题。礁中的珊瑚基本属于"农场主"，从在其"农场"范围内生长的藻类身上获取营养。或许你不会想到，当周围环境温度高于某个临界点时，珊瑚群便会清除自己地盘上的藻类，在这一过程中，珊瑚群会逐渐变为白色，人们遂称之为"珊瑚白化"。过去，海水出现极高温度的情况相对罕见，已经白化的珊瑚通常会重新唤回藻类而恢复生机。然而现在，全球温度持续升高，珊瑚白化事件频发，这也就意味着珊瑚礁的死亡——2016年及2017年，大堡礁接连发生大面积白化，导致该区域半数珊瑚群死亡，2020年的再次白化使得庞大礁群的损失面积进一步扩大。生物学家发现，在太平洋部分海域的珊瑚对温度的升高有较强承受能力，这些珊瑚以及相关珊瑚群的重建工程也许尚能维系地球生物礁生态系统的发展。但是，人类拯救地球上众多独特生态系统的时间不多了，我们必须分秒必争，这种救赎势在必行。

* * *

地质学家越来越多地将我们的时代称为"人类世"（Anthropocene Epoch），这一命名既强调了人类对周边世界产生的巨大影响，也彰显了我们所处的时期与之前众多时期的独特差别。我想，有朝一日，地质学家和古生物学家在回首我们的历史时，可能会意识到我们现在所处情况的不同寻常，它不仅表现在地质上罕见的环境变化，还有生物种类的减少——即使不像（希望不是）终结古生代和中生代的物种大灭绝那样，也与过去几次小规模灭绝事件时的情况差不多。然而，在所有与人类导致全球变化有关的现象中，最令人震惊的也许正是人类的反应——事实上，人类至今都没有重视起来，亦没有真正行动起来。而这并不是因为没有人为我们敲响警钟。早在 1957 年，海洋学家罗杰·雷维尔（Roger Revelle）就清晰地阐释了大气中二氧化碳含量的升高会导致气候变化，从而改变全球各地的生态系统。而在此后的几十年中，科学家的正告越来越明确——也越来越骇人听闻。几十年间的缓慢变化似乎很难让人们感受到事态的紧迫，但这个时间概念是有误导性的。如果你现在二十岁，我们所讨论的深远影响就会发生在你这一生；如果你现在六十岁，那么将要面对灾难的就是你的子孙后代。山火、飓风、水资源短缺、渔业崩塌、难民问题——我们现在面对的这些挑战只会随着时间的推进而愈发严峻。

当然，一定也有人在传播关于全球变化的假信息，因为当下他们能从中牟利。关于癌症与吸烟的争论老早就教会了我们，总有一些人目光短浅，只为眼前利益，不顾美好明天。那些支持人类坐视不管的经济论证无一不是自私自利、是非混淆的，因为它们并没有将坐视不管的代价考虑进去。最近的估算显示，我们今天为改变工作生活方式所花的每一块钱，都将在21世纪末生出五块钱的利息。

诚然，关于未来气候及其影响的预测确实有诸多不确定因素。据说，伟大的物理学家尼尔斯·玻尔（Niels Bohr）曾半讽式地称，"做预测是非常困难的事情，尤其是对未来做预测"。不管这话出自玻尔还是其他人，我们都不可否认它的正确性。过去科学家对21世纪气候变化的预测有时确实不准确，但事实证明，不准确的主要原因是他们低估了变化的速度。现在，科学家仍然很保守，我们则不断发现，正是我们曾经对科学预测的不重视加速了全球变暖，加剧了不良后果的发生。或许，我们能做的最佳预测有二：一是，21世纪人类活动造成的后果最不可能是全球"无变化"；二是，与现有模型的预测结果相比，未来全球的变化将更迅速，影响将更深远。

关于未来的预测结果着实令人生畏，不免让人感到绝望，甚至令人想要放弃，但实际上，它们与查尔斯·狄更斯的小说《圣诞颂歌》（A Christmas Carol）中的"未来之灵"有异曲同工之处。未来之灵告诉斯克鲁奇（Scrooge），如果他不着手改过自新将发生什么。于是，为了所有人，斯克鲁奇做出了改变。的确，既要守护人类社会的未来，又要保护历经40亿年演变而来的地球，我们面临的挑战着实令人望而生畏，而我们年复一年的无动于衷又使得这些任务变得更加艰巨、紧迫。但是，如果全世界携手贡献力量，我们仍有能力为子孙后代留下一个环境安全、运转正常的世界。如果居住在西方发达国家，我们可以在食住行方面做出更明智的选择，从而减少我们的环境足迹，此外，我们也可以为世界各地需要改善生活条件的人们提供可持续性的替代方案。作为市民，我们可以支持关于生物多样性保护、发展对地球友好的科技——譬如新型电池（充分利用可持续能源）、减少空气中二氧化碳含量等方面的倡议。乔治·华盛顿在卸任告别演说中，对美国人民说了一句著名的警世之言，"将我们应当承担的责任甩给我们的子孙后代，对他们来说是不公平的"。尽管华盛顿所说的"责任"指的是税收和国债，但他的话对于全球气候变化及其影响等问题同样适用。一代人以前，美国及其盟国一直将重心放在制造原子弹的出众人才与资源上，或许带着同样的决心，我们更应集众力为我们的子孙后代提供一个更美好的家园。

你所处的世界是40亿年来自然与生物作用留下的馈赠。你脚下的路曾是三叶虫疾行穿梭过的古老海底，或是恐龙迈着沉重步伐走过的银杏山林，抑或是猛犸象称霸过的寒冷平原。曾经，这是它们的世界；而今，这是你的世界。当然，你与恐龙的差别在于，你能够理解过去，并展望未来。你所继承的不只是这个世界，还有守护它的责任。地球未来的命运，掌握在你的手中。

致　谢

　　一直以来，我都在努力理解地球的历史及其承载的生命，可以说，这本书是我这一生研究内容的精华。通过对五大洲的研究，并借助我先后在欧柏林大学（Oberlin College）、哈佛大学近四十年的教学经验，我了解到大量信息，它们既关于地球的过去、现在，也关于它未来可能的样子。在做所有这些努力的过程中，我受益于许多人的智慧、协作与支持。

　　通常，科学家位于两股知识流的交汇处。影响我们的第一股力量来自我们的老师。在这里，我想由衷感谢我的导师们：地球早期生命领域的古生物研究领军人埃尔索·巴洪（Elso Barghoorn），为地球环境历史研究奠定基础的杰出地球化学家迪克·霍兰（Dick Holland），燃起我对演化的研究兴趣的老师斯蒂芬·杰·古尔德，鼓励我仔细研究沉积岩的老师雷·希维尔（Ray Siever），以及将蓝细菌知识传授于我的老师史蒂夫·格鲁贝奇（Steve Golubic）。而另一股力量则来自我实验室的学生们和博士后们——他们持续稳定输出的观点与见解无疑让这股力量成为双向的，我与他们是互相学习的。诺尔实验室的校友们都是非常出色的科研工作者，他们在古生物学、地球生物学、地球史的新领域开展着各种各样的研究工作，我既感谢他们，又为他们感到无比骄傲。

多年来，与我一起撰写科学论文的合著者已超过五百人，我虽不能在此逐一提及，但我对他们所有人都满怀谢意。其中有一些我必须要点名感谢的人：约翰·海耶斯（John Hayes），他将生物地球化学相关知识悉数教给我；基恩·斯韦特（Keene Swett）和布赖恩·哈兰（Brian Harland），他们让我了解到北极研究方面的内容；我的好友马尔科姆·沃尔特（Malcolm Walter），他曾数次与我一起深入澳大利亚内陆进行实地考察；米莎·谢米哈托夫（Misha Semikhatov）和沃洛佳·谢尔盖耶夫（Volodya Sergeev），他们是我在西伯利亚地质探险的同伴；马里奥·乔达诺（Mario Giordano），他将我在古生物学方面的一些直觉想法转化为实验；约翰·格罗青格（John Grotzinger），他是我过去三十年间的实地考察伙伴，我们一起去过纳米比亚、西伯利亚，还有（当然了，目前还是虚拟的）火星；理查德·班巴奇，他不断启发我以新的方式去思考生物的演化。

此外，我也很感谢为本书提供图片的相关人员与机构：阿塔卡马大型毫米波天线阵、马迪奥·切内拉托（图源来自维基百科知识共享）、玛丽·撒普地图有限责任公司、拉蒙特-多尔蒂地球观测站、罗恩·布莱基（Ron Blakey）制作的深度时间地图（Deep-Time Maps）、隶属于史密森学会的自然历史博物馆、美国自然历史博物馆、位于图宾根艾伯哈特·卡尔斯大学（Eberhardt Karls University）的古文化博物馆、斯克里普斯海洋研究所、美国海洋和大气管理局（National Oceanographic and Atmospheric Administration），以及我的朋友与同事们——朱茂炎、尼古拉斯·巴特菲尔德、肖书海、盖伊·纳伯恩、曼希·斯里瓦斯塔瓦、弗朗姬·邓恩、亚历克斯·刘、米哈伊尔·费登金、让-伯纳德·卡伦、亚历克斯·布拉西耶、汉斯·克普（Hans Kerp）、汉斯·思多尔、尼尔·舒宾、麦克·诺瓦切克（Mike Novacek）、亚当·布鲁姆。

最后，我想感谢对我来说最重要的家人们：玛莎、柯尔斯滕和罗伯。没有他们的爱与支持，就没有这本书（还有很多其他事物）的存在。

延伸阅读

第一章

入门文献

Eric Chaisson (2006). *Epic of Evolution: Seven Ages of the Cosmos.* Columbia University Press, New York, 478 pp.

Robert M. Hazen (2012). *The Story of Earth: The First 4.5 Billion Years, from Stardust to Living Planet.* Viking, New York, 306 pp.

Harry Y. McSween (1997). *Fanfare for Earth: The Origin of Our Planet and Life.* St. Martin's Press, New York, 252 pp.

Neil de Grasse Tyson (2017). *Astrophysics for People in a Hurry.* W. W. Norton and Company, New York, 222 pp.

更专业的研究

Edwin Bergin and others (2015). "Tracing the Ingredients for a Habitable Earth from Interstellar Space Through Planet Formation." *Proceedings of the National Academy of Sciences, USA* 112: 8965–8970.

T. Mark Harrison (2009). "The Hadean Crust: Evidence from >4 Ga Zircons."

Annual Review of Earth and Planetary Sciences 37: 479–505.

Roger H. Hewins (1997). "Chondrules." *Annual Review of Earth and Planetary Sciences* 25: 61–83.

Anders Johansen and Michiel Lambrechts (2017). "Forming Planets via Pebble Accretion." *Annual Review of Earth and Planetary Sciences* 45: 359–87.

Harold Levison and others (2015). "Growing the Terrestrial Planets from the Gradual Accumulation of Submeter-sized Objects." *Proceedings of the National Academy of Sciences, USA* 112: 14180–85.

Bernard Marty (2012). "The Origins and Concentrations of Water, Carbon, Nitrogen and Noble Gases on Earth." *Earth and Planetary Science Letters* 313–14: 56–66.

Anne Peslier (2020). "The Origins of Water." *Science* 369: 1058.

Laurette Piani and others (2020). "Earth's Water May Have Been Inherited from Material Similar to Enstatite Chondrite Meteorites." *Science* 369: 1110–13.

Elizabeth Vangioni and Michel Casse (2018). "Cosmic Origin of the Chemical Elements Rarety in Nuclear Astrophysics." *Frontiers in Life Science* 10: 84–97.

Jonathan P. Williams and Lucas A. Cieza (2011). "Protoplanetary Disks and Their Evolution." *Annual Review of Astronomy and Astrophysics* 49: 67–117.

Kevin Zahnle (2006). "Earth's Earliest Atmosphere." *Elements* 2: 217–22.

第二章

入门文献

Charles H. Langmuir and Wally Broecker (2012). *How to Build a Habitable Planet: The Story of Earth from the Big Bang to Humankind.* Princeton University Press, Princeton, NJ, 736 pp.

Alan McKirdy and others (2017). *Land of Mountain and Flood: The Geology and Landforms of Scotland.* None Edition, Birlinn Ltd., Edinburgh, Scotland, 322 pp. (This is an informative travel guide to Scotland; Mountain Press publishes a series of Roadside Geology books for curious travelers in the United States.)

Naomi Oreskes, editor (2003). *Plate Tectonics: An Insider's History of the Modern Theory of the Earth.* Westview Press, Boulder, CO, 448 pp. (republished as an ebook in 2018 by the CRC Press).

United States Geological Survey, website: "Understanding Plate Motions." https://pubs.usgs.gov/gip/dynamic/understanding.html.

更专业的研究

Annie Bauer and others (2020). "Hafnium Isotopes in Zircons Document the Gradual Onset of Mobile-lid Tectonics." *Geochemical Perspectives Letters* 14: 1–6.

Jean Bedard (2018). "Stagnant Lids and Mantle Overturns: Implications for Archaean Tectonics, Magmagenesis, Crustal Growth, Mantle Evolution, and the Start of Plate Tectonics." *Geoscience Frontiers* 9: 19–49.

Ilya Bindeman and others (2018). "Rapid Emergence of Subaerial Landmasses and Onset of a Modern Hydrologic Cycle 2.5 Billion Years Ago." *Nature* 557: 545–48.

Alec Brenner and others (2020). "Paleomagnetic Evidence for Modern-like Plate Motion Velocities at 3.2 Ga." *Science Advances* 6, no. 17, eaaz8670, doi:10.1126/sciadv.aaz8670.

Peter Cawood and others (2018). "Geological Archive of the Onset of Plate Tectonics." *Philosophical Transactions of the Royal Society,* London. 376A: 20170405, doi: 10.1098/rsta.20170405.

Chris Hawkesworth and others (2020). "The Evolution of the Continental Crust and the Onset of Plate Tectonics." *Frontiers in Earth Science* 8: 326, doi: 10.3389/feart.2020.00326.

Anthony Kemp (2018). "Early Earth Geodynamics: Cross Examining the Geological Testimony." *Philosophical Transactions of the Royal Society,* London.

371A: 20180169, doi: 10.1098/rsta.2018.0169.

Jun Korenaga (2013). "Initiation and Evolution of Plate Tectonics on Earth: Theories and Observations." *Annual Review of Earth and Planetary Sciences* 41: 117–51.

Craig O'Neill and others (2018). "The Inception of Plate Tectonics: A Record of Failure." *Philosophical Transactions of the Royal Society,* London. 371A: 20170414, doi: 10.1098/rsta.20170414.

第三章

入门文献

David Deamer (2019). *Assembling Life: How Can Life Begin on Earth and Other Habitable Planets?* Oxford University Press, Oxford, UK, 184 pp.

Paul G. Falkowski (2015). *Life's Engines: How Microbes Made Earth Habitable.* Princeton University Press, Princeton, NJ, 205 pp.

Andrew H. Knoll (2003). *Life on a Young Planet: The First Three Billion Years of Life on Earth.* Princeton University Press, Princeton, NJ, 277 pp.

Nick Lane (2015). *The Vital Question: Energy, Evolution and the Origins of Complex Life.* W. W. Norton and Company, New York, 360 pp.

Martin Rudwick (2014). *Earth's Deep History: How It Was Discovered and Why It Matters.* University of Chicago Press, Chicago, 360 pp.

更专业的研究

Abigail Allwood and others (2006). "Stromatolite Reef from the Early Archaean Era of Australia." *Nature* 441: 714–18.

Giada Arney and others (2016). "The Pale Orange Dot: The Spectrum and Habitability of Hazy Archean Earth." *Astrobiology* 16: 873–99.

Tanja Bosak and others (2013). "The Meaning of Stromatolites." *Annual Review of Earth and Planetary Sciences* 41: 21–44.

Martin Homann (2018). "Earliest Life on Earth: Evidence from the Barberton Greenstone Belt, South Africa." *Earth-Science Reviews* 196, doi: 10.1016/j.earscirev.2019.102888.

Emmanualle Javaux (2019). "Challenges in Evidencing the Earliest Traces of Life." *Nature* 572: 451–60.

Gerald Joyce and Jack Szostak (2018). "Protocells and RNA Self-replication." *Cold Spring Harbor Perspectives in Biology,* doi: 10.1101/ cshperspect. a034801.

William Martin (2020). "Older Than Genes: The Acetyl CoA Pathway and Origins." *Frontiers in Microbiology* 11: 817, doi: 10.3389/ fmicb.2020.00817.

Matthew Powner and John Sutherland (2011). "Prebiotic Chemistry: A New Modus Operandi." *Philosophical Transactions of the Royal Society,* London. 366B: 2870–77.

Alonso Ricardo and Jack Szostak (2009). "Origins of Life on Earth." *Scientific American* 301, no. 3, Special Issue: 54–61.

Eric Smith and Harold Morowitz (2016). *The Origin and Nature of Life on Earth: The Emergence of the Fourth Geosphere.* Cambridge University Press, Cambridge, UK, 691 pp.

Norman Sleep (2018). "Geological and Geochemical Constraints on the Origin and Evolution of Life." *Astrobiology* 18: 1199–1219.

第四章

入门文献

John Archibald (2014). *One Plus One Equals One.* Oxford University Press, Oxford, UK, 205 pp.

Donald E. Canfield (2014). *Oxygen: A Four Billion Year History.* Princeton University Press, Princeton, NJ, 196 pp.

Nick Lane (revised edition, 2016). *Oxygen: The Molecule That Made the World.* Oxford University Press, Oxford, UK, 384 pp.

更专业的研究

Ariel Anbar and others (2007). "A Whiff of Oxygen Before the Great Oxidation Event?" *Science* 317: 1903–6.

Andre Bekker and others (2010). "Iron Formation: The Sedimentary Product of a Complex Interplay Among Mantle, Tectonic, Oceanic, and Biospheric Processes." *Economic Geology* 105: 467–508.

David Catling (2014). "The Great Oxidation Event Transition." *Treatise on Geochemistry* (second edition) 6: 177–95.

T. Martin Embley and William Martin (2006). "Eukaryotic Evolution, Changes and Challenges." *Nature* 440: 623–30.

Laura Eme and others (2017). "Archaea and the Origin of Eukaryotes." *Nature Reviews in Microbiology* 15: 711–23.

Jihua Hao and others (2020). "Cycling Phosphorus on the Archean Earth: Part II. Phosphorus Limitation on Primary Production in Archean Oceans." *Geochimica et Cosmochimica Acta* 280: 360–77.

Heinrich Holland (2006). "The Oxygenation of the Atmosphere and Oceans." *Philosophical Transactions of the Royal Society,* London. 361B: 903–15.

Olivia Judson (2017). "The Energy Expansions of Evolution." *Nature Ecology and Evolution* 1: 138.

Andrew H. Knoll and others (2006). "Eukaryotic Organisms in Proterozoic Oceans." *Philosophical Transactions of the Royal Society,* London. 361B: 1023–38.

Timothy Lyons and others (2014). "The Rise of Oxygen in Earth's Early Ocean and Atmosphere." *Nature* 506: 307–15.

Simon Poulton and Donald Canfield (2011). "Ferruginous Conditions: A Dominant Feature of the Ocean Through Earth's History." *Elements* 7: 107–12.

Jason Raymond and Daniel Segre (2006). "The Effect of Oxygen on Biochemical Networks and the Evolution of Complex Life." *Science* 311: 1764–67.

Bettina Schirrmeister and others (2016). "Cyanobacterial Evolution During the Precambrian." *International Journal of Astrobiology* 15: 187–204.

第五章

入门文献

Mikhail Fedonkin and others (2007). *The Rise of Animals: Evolution and Diversification of the Kingdom Animalia.* Johns Hopkins University Press, Baltimore, MD, 344 pp.

Richard Fortey (2001). *Trilobite; Eyewitness to Evolution.* Vintage, New York, 320 pp.

John Foster (2014). *Cambrian Ocean World: Ancient Sea Life of North America.* Indiana University Press, Bloomington, IN, 416 pp.

Stephen Jay Gould (1990). *Wonderful Life: The Burgess Shale and the Nature of History.* W. W. Norton and Company, New York, 352 pp.

更专业的研究

Graham Budd and Soren Jensen (2000). "A Critical Reappraisal of the Fossil Record of the Bilaterian Phyla." *Biological Reviews* 75: 253–95.

Allison Daley and others (2018). "Early Fossil Record of Euarthropoda and the Cambrian Explosion." *Proceedings of the National Academy of Sciences, USA* 115: 5323–31.

Patricia Dove (2010). "The Rise of Skeletal Biominerals." *Elements* 6: 37–42.

Douglas Erwin and James Valentine (2013). *The Cambrian Explosion: The Construction of Animal Biodiversity.* W. H. Freeman, New York, 416 pp.

Douglas Erwin and others (2011). "The Cambrian Conundrum: Early Divergence and Later Ecological Success in the Early History of Animals." *Science* 334:

1091–97.

P.U.P.A. Gilbert and others (2019). "Biomineralization by Particle Attachment in Early Animals." *Proceedings of the National Academy of Sciences, USA* 116: 17659–65.

Paul Hoffman (2009). "Neoproterozoic Glaciation." *Geology Today* 25: 107–14.

Andrew H. Knoll (2011). "The Multiple Origins of Complex Multicellularity." *Annual Review of Earth and Planetary Sciences* 39: 217–39.

M. Gabriela Mangano and Luis Buatois (2020). "The Rise and Early Evolution of Animals: Where Do We Stand from a Trace-Fossil Perspective?" *Interface Focus* 10, no. 4: 20190103.

Guy Narbonne (2005). "The Ediacara Biota: Neoproterozoic Origin of Animals and Their Ecosystems." *Annual Review of Earth and Planetary Sciences* 33: 421–42.

Erik Sperling and Richard Stockey (2018). "The Temporal and Environmental Context of Early Animal Evolution: Considering All the Ingredients of an 'Explosion'." *Integrative and Comparative Biology* 58: 605–22.

Alycia Stigall and others (2019). "Coordinated Biotic and Abiotic Change During the Great Ordovician Biodiversification Event: Darriwilian Assembly of Early Paleozoic Building Blocks." *Palaeogeography, Palaeoclimatology, Palaeoecology* 530: 249–70.

Shuhai Xiao and Marc Laflamme (2008). "On the Eve of Animal Radiation: Phylogeny, Ecology and Evolution of the Ediacara Biota." *Trends in Ecology and Evolution* 24: 31–40.

第六章

入门文献

Steve Brusatte (2018). *The Rise and Fall of the Dinosaurs: A New History of a Lost World*. HarperCollins, New York, 404 pp.

Paul Kenrick (2020). *A History of Plants in Fifty Fossils*. Smithsonian Books, Washington, D.C., 160 pp.

Neil Shubin (2008). *Your Inner Fish: A Journey into the 3.5-Billion-Year History of the Human Body*. Pantheon Books, New York, 229 pp.

更专业的研究

Jennifer Clack (2012). *Gaining Ground: The Origin and Evolution of Tetrapods*. Second edition. Indiana University Press, Bloomington, IN, 544 pp.

Blake Dickson and others (2020). "Functional Adaptive Landscapes Predict Terrestrial Capacity at the Origin of Limbs." *Nature:* doi .org/10.1038/s41586-020-2974-5.

Else Marie Friis and others (2011). *Early Flowers and Angiosperm Evolution*. Cambridge University Press, Cambridge, UK, 595 pp.

Patricia Gensel (2008). "The Earliest Land Plants." *Annual Review of Ecology, Evolution and Systematics* 39: 459–77.

Patrick Herendeen and others (2017). "Palaeobotanical Redux: Revisiting the Age of the Angiosperms." *Nature Plants* 3: 17015, doi: 10.1038/nplants.2017.15.

Zhe-Xi Luo (2007). "Transformation and Diversification in Early Mammal Evolution." *Nature* 450: 1011–19.

Jennifer Morris and others (2018). "The Timescale of Early Land Plant Evolution." *Proceedings of the National Academy of Sciences, USA* 115: E2274–83.

Eoin O'Gorman and and David Hone (2012). "Body Size Distribution of the Dinosaurs." *PLOS One* 7(12): e51925.

Jack O'Malley-James and Lisa Kaltenegger (2018). "The Vegetation Red Edge Biosignature Through Time on Earth and Exoplanets." *Astrobiology* 18: 1127–36.

P. Martin Sander and others (2011). "Biology of the Sauropod Dinosaurs: the Evolution of Gigantism." *Biological Reviews* 86: 117–55.

Chistine Strullu-Derrien and others (2019). "The Rhynie Chert." *Current Biology* 29: R1218–23.

第七章

入门文献

Walter Alvarez (updated edition, 2015). *T. rex and the Crater of Doom*. Princeton University Press, Princeton, NJ, 208 pp.

Michael Benton (2005). *When Life Nearly Died: The Greatest Mass Extinction of All Time*. Thames & Hudson, London, 336 pp.

Douglas Erwin (updated edition, 2015). *Extinction: How Life on Earth Nearly Ended 250 Million Years Ago*. Princeton University Press, Princeton, NJ, 320 pp.

更专业的研究

Luis W. Alvarez and others (1980). "Extraterrestrial Cause for the Cretaceous-tertiary Extinction." *Science* 208: 1095–108.

Richard K. Bambach (2006). "Phanerozoic Biodiversity: Mass Extinctions." *Annual Review of Earth and Planetary Sciences* 34: 127–55.

Richard K. Bambach and others (2004). "Origination, Extinction, and Mass Depletions of Marine Diversity." *Paleobiology* 30: 522–42.

Seth Burgess and others (2014). "High-precision Timeline for Earth's Most Severe Extinction." *Procdings of the National Academy of Sciences, USA* 111: 3316–21.

Jacopo Dal Corso and others (2020). "Extinction and Dawn of the Modern World in the Carnian (Late Triassic)." *Science Advances* 6: eaba0099.

Seth Finnegan and others (2012). "Climate Change and the Selective Signature of the Late Ordovician Mass Extinction." *Proceedings of the National Academy of Sciences, USA* 109: 6829–34.

Sarah Greene and others (2012). "Recognising Ocean Acidification in Deep Time: An Evaluation of the Evidence for Acidification Across the Triassic-Jurassic Boundary." *Earth-Science Reviews* 113: 72–93.

Pincelli Hull and others (2020). "On Impact and Volcanism Across the Cretaceous-Paleogene Boundary." *Science* 367: 266–72.

Wolfgang Kiessling and others (2007). "Extinction Trajectories of Benthic Organisms Across the Triassic–Jurassic Boundary." *Palaeogeography, Palaeoclimatology, Palaeoecology* 244: 201–22.

Andrew H. Knoll and others (2007). "A Paleophysiological Perspective on the End-Permian Mass Extinction and Its Aftermath." *Earth and Planetary Science Letters* 256: 295–313.

Jonathan L. Payne and Matthew E. Clapham (2012). "End-Permian Mass Extinction in the Oceans: An Ancient Analog for the Twenty-First Century?" *Annual Review of Earth and Planetary Science* 40: 89–111.

Bas van de Schootbrugge and Paul Wignall (2016). "A Tale of Two Extinctions: Converging End-Permian and End-Triassic Scenarios." *Geological Magazine* 153: 332–54.

Peter Schulte and others (2010). "The Chicxulub Asteroid Impact and Mass Extinction at the Cretaceous-Paleogene Boundary." *Science* 327: 1214–18.

第八章

入门文献

Sandra Diaz and others, editors (2019). Intergovernmental Science-Policy Platform on Biodiversity and Ecosystem Services (IPBES), Summary for Policymakers of the Global Assessment Report of the Intergovernmental Science-Policy Platform on Biodiversity and Ecosystem Services. IPBES Secretariat. https://ipbes.net/global-assessment-report-biodiversity- ecosystemservices.

Yuval Noah Harari (2015). *Sapiens: A Brief History of Humankind.* HarperCollins, New York, 443 pp.

Louise Humphrey and Chris Stringer (2019). *Our Human Story.* Natural History Museum, London, 158 pp.

Elizabeth Kolbert (2014). *The Sixth Extinction: An Unnatural History.* Henry Holt and Company, New York, 319 pp.

Daniel Lieberman (2013). *The Story of the Human Body: Evolution, Health and Disease.* Vintage, New York, 460 pp.

Mark Muro and others (2019). "How the Geography of Climate Damage Could Make the Politics Less Polarizing." Brookings Institution Report; https://www. brookings.edu/research/how-the-geography-of-climate-damage-could-make-the-politics-less-polarizing. (See also *The Economist,* September 21–27, 2019, pp. 31–32.)

Callum Roberts (2007). *The Unnatural History of the Sea.* Island Press, Washington, D.C., 435 pp.

更专业的研究

Jean-Francois Bastin and others (2019). "Understanding Climate Change from a Global Analysis of City Analogues." *PLOS One* 14(7): e0217592.

Glenn De'ath and others (2012). "The 27-Year Decline of Coral Cover on the Great Barrier Reef and Its Causes." *Proceedings of the National Academy of Sciences, USA* 109: 17995–99.

Sandra Diaz and others (2019). "Pervasive Human-driven Decline of Life on Earth Point to the Need for Transformative Change." *Science* 366: eaax3100, doi: 10.1126/science.aaw3100.

Rudolfo Dirzo and others (2014). "Defaunation in the Anthropocene." *Science* 345: 401–6.

Jacquelyn Gill and others (2011). "Pleistocene Megafaunal Collapse, Novel Plant

Communities, and Enhanced Fire Regimes in North America." *Science* 326: 1100–103.

Peter Grant and others (2017). "Evolution Caused by Extreme Events." *Philosophical Transactions of the Royal Society*, London. 372B: 20160146.

Ove Hoegh-Guldberg and others (2019). "The Human Imperative of Stabilizing Global Climate Change at 1.5°C." *Science* 365: eaaw6974.

Paul Koch and Anthony Barnosky (2006). "Late Quaternary Extinctions: State of the Debate." *Annual Review of Ecology Evolution and Systematics* 37: 215–50.

Xijun Ni and others (2013). "The Oldest Known Primate Skeleton and Early Haptorhine Evolution." *Nature* 498: 60–64.

Bernhart Owen and others (2018). "Progressive Aridification in East Africa over the Last Half Million Years and Implications for Human Evolution." *Proceedings of the National Academy of Sciences, USA* 115: 11174–79.

Felisa Smith and others (2019). "The Accelerating Influence of Humans on Mammalian Macroecological Patterns over the Late Quaternary." *Quaternary Science Reviews* 211: 1–16.

John Woinarski and others (2015). "Ongoing Unraveling of a Continental Fauna: Decline and Extinction of Australian Mammals Since European Settlement." *Proceedings of the National Academy of Sciences, USA* 112: 4531–40.

Bernard Wood (2017). "Evolution: Origin(s) of Modern Humans." *Current Biology* 27: R746–69.

图书在版编目（CIP）数据

地球简史 /（美）安德鲁·H. 诺尔著；赵文瑾译.
北京：北京联合出版公司 , 2024. 10. -- ISBN 978-7
-5596-7838-6

Ⅰ. P183-49

中国国家版本馆 CIP 数据核字第 2024GL6177 号

A BRIEF HISTORY OF EARTH, Copyright © 2021 by Andrew H. Knoll
Published by arrangement with Custom House, an imprint of HarperCollins Publishers.

本书中文简体版权归属于银杏树下（上海）图书有限责任公司
北京市版权局著作权合同登记 图字：01-2024-4089

地球简史

著　　者：［美］安德鲁·H. 诺尔
译　　者：赵文瑾
审 校 者：朱茂炎
出 品 人：赵红仕
选题策划：银杏树下
出版统筹：吴兴元
编辑统筹：郝明慧
特约编辑：张昊悦　卢安琪
责任编辑：徐　樟
营销推广：ONEBOOK
装帧制造：墨白空间·杨和唐

北京联合出版公司出版
（北京市西城区德外大街 83 号楼 9 层　100088）
天津雅图印刷有限公司印刷　新华书店经销
字数 141 千字　889 毫米 × 1194 毫米　1/32　7.125 印张
2024 年 10 月第 1 版　2024 年 10 月第 1 次印刷
ISBN 978-7-5596-7838-6
定价：68.00 元